錄音室控制台

錄音室控制台

世界著名錄音室

FOREWORD 前 言

　　錄音室長久以來一直是電台、電視台、音樂出版社、音樂工作室、唱片公司的專業場所。但是近幾年來，隨著數位化時代的到來、網路和多媒體的普及，人們對聲音（包括音樂和人聲）的捕捉和編輯的要求越來越高。這種對錄音的要求已經不只局限在專業的製作公司了，自娛自樂的廣大民眾也紛紛加入到這個行業之中。現在，各地的錄音室像雨後春筍一般林立而出，人們可以自由地進入專業錄音室錄製一張屬於自己的音樂專輯；一些夢想成為歌星的年輕人也在錄音室裏找到了希望。一些經典流行的網路歌曲大都是出自於這些民間的普通錄音室。但是，對於大多數想從事這個行業的人們來說，錄音室的設備、技術和裝修的確很讓人苦惱。眾多的生產廠家和名目繁多的音頻設備，已經讓想從事這個行業的人應接不暇了。而且，錄音室的裝修更讓非專業人士摸不著頭緒。

　　筆者是一名音樂的執著追求者，長期以來一直從事音樂製作、音頻設備銷售和錄音室的裝修工作，對錄音室的技術內涵有很深刻的瞭解。在長期的經營之中，經常有同行、客戶和朋友問及錄音室的裝修問題。但是錄音室的裝修與設計是一個綜合性的學科，並不是三言兩語就能夠表達清楚的。所以，筆者本著多年的經驗，並在閱讀了大量文獻以後寫下此書《錄音室的設計與裝修》，希望廣大的錄音室經營者借鑒並得到啟迪。

　　本書採用彩色銅板紙印刷，並以圖文並貌方式對錄音室的規劃設計與裝修進行闡述。從錄音室的房間結構規劃、龍骨搭建、隔音吸音、低頻駐波等各個方面進行詳述；並對裝修錄音室專用的隔音材料、吸音材料進行介紹；且細緻地對錄音室裏面的隔音門窗、連線盒、監聽喇叭的擺放、排風的設計、電腦噪音的處理、控制台的設計等進行了全方位地描述。可以說，擁有此書您就可以徹底瞭解錄音室裝修的奧秘了！

太棒了！看完這本書終於了解，原來裝修自己的工作室是那麼的簡單。

　　一般人認為錄音室的設計與施工是專業人士才會了解的，神秘而遙不可及的；但是在這本書裡用了最簡單的文字給了我們最清楚的解答，而且很多觀念是我們平常可能就已經知道，而不知如何實際去運用的常識。千萬不要以為只要把吸音棉貼一貼就會有吸音的作用，其實你吸掉的只是中高頻，卻無法吸掉低頻！千萬不要以為蓋個錄音室一定需要花大筆的金錢才能克服隔音問題，本書告訴你窮人錄音室的作法；徹底看完此書，相信你就能了解如何做隔音、如何做吸音，進而改善音場，音場改善就能改善自己的工作環境，達到接近錄音室等級的地步；徹底看完此書，能讓你有如獲至寶的感覺，沒有太艱深的數學公式，只有經典的錄音室設計圖片，這些都是這本書最值得看的地方。

　　這不是一本教你裝潢設計的書，它並不會教你如何去設計裝潢一個錄音工作室的外觀；告訴你一個聲音在不同的房間會產生什麼效應，如何改善現有的音場來達到一個完善的工作環境。拜數位電腦錄音的普及和盛行，相信這本書對於想建造屬於自己錄音工作室的人來說一定非常有幫助，在此要鄭重向各位推薦這本超實用的工具書。

　　　　　　　　　　　　　　　　　　　　　　　　　　　　　　　　林聰智

經歷

1989 - 1997 台灣加合錄音室錄音師

1995 - 2000 ＴＣＡ傳播藝術學院錄音工程教師

1997 - 2007 非編制專業錄音室錄（混）音師

2007 台灣音樂教師暑期錄音培訓班專任教師

錄音作品：

· 周杰倫首張同名專輯「Jay」錄音混音。

· 江蕙「酒後心聲」、「感情放一邊」

　…等五張專輯錄音混音。

· 楊丞琳「曖昧」專輯錄音。

· 鳳飛飛復出首張專輯錄音混音。

· 張菲「墜入情網」西洋情歌自選輯唱片錄音。

· 許景淳專輯錄音混音。

· Ｆ４專輯錄音。

· 吳宗憲專輯錄音。

· 鄭進一「家後」專輯混音。

· 台南藝術大學 "風的故事"

　現場錄音及混音後製。

· 陳揚電視廣告音樂錄音混音、

· 美國加州靈糧堂全福會 "裂天而降"

　福音專輯錄音混音。

CONTENTS 目　　錄

1-1 房屋結構規劃

錄音室對房間的要求非常嚴格。最少需要兩個房間才能完成真正專業的錄音任務。一個是錄音室，另一個是控制室。一間用來錄音（錄音室），給歌手唱歌、樂師彈奏用，另一間給錄音師做錄音和後期混音（控制室）。錄音時，歌手戴耳機，錄音師用監聽喇叭，兩間房的最大用處是可以避免錄音時錄到控制室裡喇叭的放音。

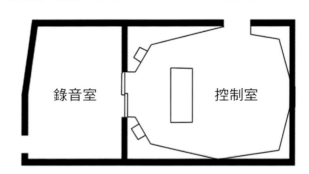

為了避免你的聲音傳出去影響鄰居，也為了避免外界的聲音傳進來影響你的工作，房屋必須要能完全封閉，才能達到一定的隔音效果。

1-2 房間數？房間大小？房間形狀？

如果只是進行音樂製作或者混音後製（Mastering），那麼只需要一間房就夠了。如果需要錄音，只好用兩間房（或者把一間房隔成兩間房），一間用來錄音，一間用來控制和監聽。如果實在沒有兩間房，一間房其實也可以，但是在錄音的時候，錄音師就需要用耳機來監聽，並且要杜絕一切可能的噪音（比如電腦風扇）。

控制室與錄音室是兩個獨立的房間，可以相鄰，也可以不相鄰，如果相鄰的話，可以在兩房之間打一個窗戶，做成雙層玻璃窗，這樣你在控制室裏就能看到錄音室的情況，方便溝通。如果不相鄰，或者不願意打洞，可以用攝影機連接顯示器來做觀察和溝通。

房間自然是越大越好，越高越好。這不是為了舒適，而是因為大空間的聲學狀況要比小空間來得好，也更容易改造和裝修。房間大小和形狀決定了它的自然殘響（Reverb）和駐波、低頻反射情況。聲音在空氣中傳播時會慢慢損失能量，越大的房間，越不容易受到反射聲和駐波的干擾。另一個方面，房間越大，由反射聲所引起的駐波現象要比小房間平緩。

國外聲學專家建議控制室至少要有 70 立方米才能保證高品質的聲音再現，這樣房間的長寬高差不多是 4×5.5×3 米的大小。錄音室的空間要根據你所要錄製的聲音來決定。理論上越大的聲音需要越大的空間。如果只錄製人聲的話，錄音室可以不必很大，國外專業錄音室的人聲錄音間，面積通常在一、二坪到十坪左右，這是因為人聲要比樂器的聲音小很多。

下面來看幾個典型的個人工作室和錄音室的規劃圖：

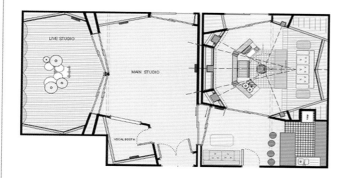

澳大利亞 GURULAND 錄音室的設計圖

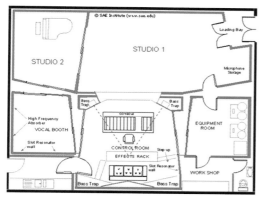

某個大型錄音室的規劃圖

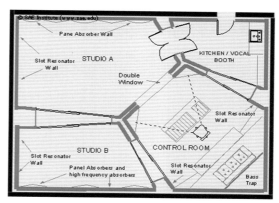

某個錄音室的規劃圖

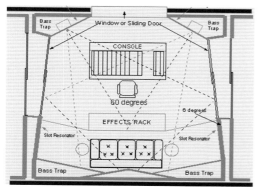

某個錄音室控制室的規劃圖

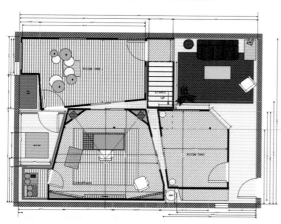

某個錄音室的規劃圖

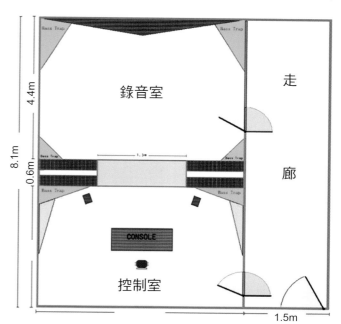

某個錄音室的規劃圖

1-3 房屋聲學

我們進行音樂製作和錄音工作時，對監聽的要求是比較高的，因為監聽品質會影響我們對聲音的判斷，並且影響作品品質，而我們的房間對我們的監聽品質卻有著重大的影響。

首先是大多數人比較在意的噪音問題，一個好的工作室，首先要克服環境噪音和設備噪音。其次要注意的是駐波問題，這個問題在低頻區尤其明顯。你聽音樂時，會發現貝士的聲音很奇怪，有的音顯得很大很猛，有的音顯得很弱，這並非貝士音色的問題，這就是駐波造成的假象。在個人工作室中普遍存在嚴重的駐波問題，需要格外注意。

最後是迴音（Echo）和殘響（Reverb）問題。聲音在房間裏牆壁的多次反射，形成了迴音和殘響。通常小房間的迴音問題很嚴重，也就是我們常說的"悶罐子聲音效果"。解決這個問題的辦法有兩個：一是增加漫反射，這樣可以稀釋迴聲；二是吸音，儘量將聲音吸到牆壁，並使之不再反射回去。

因此，我們對房間進行聲學處理，主要是要解決這些影響聲音的因素。如果你手裏有錢，千萬別亂花在為了美觀而進行的裝修上，一定要先進行聲學處理，然後才是美觀問題。

1-4 怎樣知道房間的聲學狀況？

噪音測試：這個不用測試，每個人都清楚自己房間的隔音和雜訊情況。如果有雜訊問題，那麼你需要加強隔音處理。

駐波測試：播放一段掃頻信號（Sound Forge 等音頻軟體都帶有掃頻信號發聲器）。聽聽聲音是不是忽大忽小，如果是，說明房間的駐波嚴重。（注意，你必須有一對不錯的監聽喇叭）。如果有駐波問題，那麼你需要盡可能改變牆壁走向或者用大的物體來解決駐波問題。

低頻殘響測試：大聲喊"咚……咚……咚……"，越低沉越好，聽聽有沒有混濁的殘響。

迴音測試：雙手擊掌，或者大聲喊"大……大……大……"，聽聽有沒有像彈簧一樣的迴音。

1-5 影響房屋聲學狀況的三大敵人

噪音，大家都很熟悉，解決噪音的辦法就是隔離，把房屋與外界隔離開，並且把室內所有的噪音源（電腦機器等）都做隔離處理。駐波，是由牆壁的反射引起的。當聲音通過空氣傳遞到牆壁時，會反射回來。某些頻率的聲音，其反射聲的聲波正好與來源音是相同的振動方向，那麼這個頻率的聲音就會被加強，於是這個頻率的聲音，其反射的聲音就變大了。也有些頻率的反射聲正好與來源音是相反的振動方向，於是這個頻率的聲音就減弱了。（如圖所示）

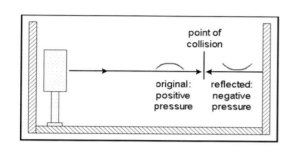
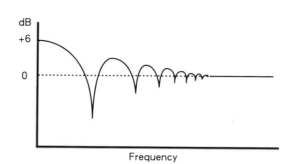

所以我們只能想辦法減弱駐波，而不可能完全消除駐波。我們知道，聲音每經過一次反射，能量就會減弱很多。因此，駐波問題基本上都是由"一次反射（主反射）聲"造成的，也就是到達一次牆壁的反射聲音。因此我們只要能消除"一次反射（主反射）聲"，就可以極大的減弱駐波。消除"一次反射（主反射）聲"做起來就簡單多了，我們只要讓牆壁的角度有所偏差，就可以讓一次反射（主反射）聲偏離我們的耳朵，這樣就沒有駐波問題了。右圖是兩個不同房間的俯視圖。左圖是專業錄音室控制室裏的聲音反射情況，無論怎樣反射，都不會有一次反射（主反射）聲到達錄音師的位置；右圖是

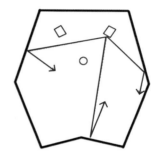
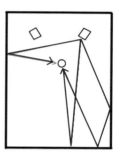

普通房間的情況，聲音可以通過許多種方法直接反射到錄音師的位置。

迴音 / 殘響

是由牆壁反射造成的。解決迴音 / 殘響的辦法有兩個，一是漫反射，二是吸音。漫反射的作用是"稀釋"迴音和殘響，讓迴音變成殘響，讓殘響聽起來更加舒展自然，漫反射也能有效吸收低頻。在室內的關鍵部位（主要是後牆和天花板）設置大面積的漫反射裝置會大大改善室內聲音效果。

▼ 進行漫反射處理的錄音室

吸音的作用其實沒有我們想像中那麼明顯，這是因為普通的吸音材料只能吸收中高頻聲音。如果一個房間把中高頻聲音都吸收了，留下低頻殘響，那麼這個房間的聲音效果將是非常令人難受的。不同頻率的聲音，所需要的吸音材料是不同的。高頻聲音，我們只要用纖維狀的物品，例如各種棉製品（棉絮等）、工業用棉，就可以吸收。而低頻聲音，由於波長變得很長，相應的我們的"棉絮"的纖維，也必須擴張到很粗的程度才能吸收低頻。我們可以簡單算一下，2000Hz 的聲音波長是 340 / 2000=0.17米，而 80 Hz 的聲音的波長是 340 / 80=4.25米！四米的波，足以穿過一切室內的障礙物。假設高頻聲音是一隻螞蟻，那麼低頻聲音就是一頭大象。

理論上解決低頻殘響的辦法，就是使用很粗的"纖維"，可惜這種纖維是找不到的，不過我們有其他物品可以擔此重任：各種傢俱、櫃子、箱子、床等一切"大塊"的、硬質的物體。許多此類的障礙物組成在一起就可以吸收低頻。請注意，並不是這些物體的表面材料在吸收低頻，而是整個物體被當成為一個整體在吸收低頻。有經驗的人會發現，傢俱多、硬質障礙物多的房子，沒有低頻殘響，而傢俱少、障礙物少的房子，低頻殘響比較嚴重，就是這個道理。另外，有些大型漫反射裝置也能吸收低頻。一個有意思的現象：通常駐波與低頻殘響問題是一起出現和一起消失的，解決了駐波問題也就解決了低頻問題。

1-6 基本解決步驟

個人工作室的聲學處理，需要注意解決步驟，要把難的放在前面，容易的放在後面。噪音和駐波問題是需要改動房屋結構才能解決的，因此要放在最前面。噪音問題是第一位的。你既會受到外界噪音的干擾，鄰居也會受到你的"噪音"干擾。因此，一定要做隔音處理。

聲音像水一樣是遇到縫就鑽的，因此，你應該儘量把房間封閉起來，隔絕一切與外界的聯繫。尤其是窗戶，經濟許可的話，可以訂做密閉的塑鋼隔音窗，最好是雙層的。沒太多預算的，也應該用橡膠皮或其他物品做密封處理，使之在關閉的時候能夠完全密閉，不漏氣。

不過，如果你的室外是很安靜的話，那就不必如此費勁了。反之，如果你處在鬧區或菜市場中，那最好用磚頭水泥把窗戶完全堵死。

再來是門，簡單的作法是可以用棉製品或橡膠皮把上上下下的縫隙都密封住。還可以在整個門板上釘上橡膠皮或棉製品，隔音效果總比單單一個木板要好。專業點的作法是訂製夾層門，中間是空心的並且填充了纖維棉，最外層還包了橡膠皮和裝飾皮革。另外，經濟許可的話就做兩扇門，兩扇薄門要比一扇厚門具有更高的隔音性能。

電腦噪音的解決辦法是給電腦做一箱子，把它隔離起來，當然這個箱子需要特別製作通風通道，當然，最好的辦法是把電腦主機放到另一間房子裏去，用延長線把線材都接過來控制室裡。

2-1 隔音原理

隔音分貝量（R）dB 是錄音室重要的聲學參數，控制隔音好分貝量才能使錄音室正常使用成為可能。依據一般實際環境噪音，制定出平均隔音分貝量為 R=60dB，（只能容許投射到它表面聲能的百分之一穿透），最低噪音單值控制在 25dB。

要想瞭解隔音，就先要瞭解聲音的特性。前面說過聲音就像水和空氣一樣可以穿過任何縫隙，但遇到堅硬物體的表面就會被反彈回來，同時也利用物體振動的原理把聲音傳遞到下一個空間。

首先我們要知道隔音的方法。那麼方法大體上可以分為兩類：一是主動阻攔，二是被動吸音。

主動阻攔：主動阻攔就是用密度高的材料製成的物體去阻攔聲音。比如磚、混凝土、橡膠皮等。但是要知道，聲音在任何物體上都是可以傳播的（只要這個物體可以振動）。因此我們必須要想辦法阻止物體的振動。阻止振動不能來硬的，相反用軟的材料可以得到很好的效果。軟的固體材料通常比剛硬的固體材料好，因隔音效果為它不容易振動，像打太極拳一樣把振動給化解掉。橡膠皮是很好的材料，用橡膠皮包住整個房間，就會有非常好的隔音效果。另外，給硬的材料加裝柔韌的襯墊，也能有助於隔音。

被動吸音：所謂的被動吸音就是用吸音材料放置在聲音必經之路上，聲音被大量吸收，也就自然起了隔音作用。所有的吸音材料都可以充當此任，最常用的是岩棉，便宜又有效。通常我們都把兩種方式結合起來使用，採用多層設計，像夾心餅乾一樣，一層蓋一層，各種不同的硬的、軟的、吸音的材料相互結合。最終的隔音效果與你的材料、設計、整體厚度有關。

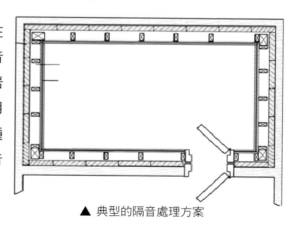

▲ 典型的隔音處理方案

2-2 隔音材料

吸音式隔音材料

纖維棉能夠大量吸收聲音，聲音被吸收了，自然也就沒有了。同時纖維棉也能吸收振動。纖維棉價格便宜，是最經濟實惠的隔音材料，在裝修錄音室的時候用量最大。

纖維棉有好幾種，最主要有岩棉和玻璃纖維棉。實際上植物纖維棉（如棉花、棉絮）的隔音效果也一樣好，但是由於它不防火，而且時間長了會變質腐爛，所以正規錄音室中都不使用。岩棉（

礦棉），是目前最實用的吸音隔音材料。比玻璃纖維棉更環保、更防火。但要注意岩棉是有不同規格和密度的。很多岩棉產品通常不環保，人體接觸會有不良反應，皮膚會癢很久。所以岩棉一般不能讓它直接暴露在空氣中。裝修的時候必須戴手套及防護口罩。

▼ 各種不同的密度、厚度和不同形式的岩棉。

  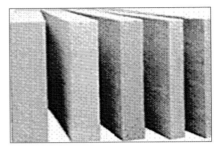

　　岩棉板是把軟的岩棉纖維加工成了硬板狀，密度更大，容易安裝。不同的厚度、不同密度的岩棉板具有不同的吸音隔音效果，當然是越厚越好。安裝的時候同樣要戴手套和口罩。

▲ 上面兩張圖是裝修中未完工的情景，木製龍骨＋岩棉板。

　　薄的岩棉只能吸收高頻，不能吸收低頻。在下圖是三種不同厚度（100mm，75mm，50mm）岩棉板的不同吸音係數。從實驗中可以發現，不同厚度的纖維棉，對高頻的吸收是一樣的，但是對低頻的吸收卻有重大不同。岩棉通常的使用方式是夾在兩層密封的硬板（通常是石膏板）中間，下圖是比較薄的一種安裝方式。兩層厚度為 12.5mm 的石膏板間距 50mm，中間用木制支柱隔開，支柱之間相隔 600mm，空間內是 47mm 厚的岩棉板。如果中間沒有岩棉板，隔音效果就比較差。右圖是在不同頻率下的不同隔音能力（聲音通過這道牆時的衰減程度），可以看出這個隔音牆對高音能力還可以，但對於低音的隔音就不太好了。

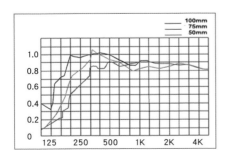 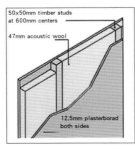 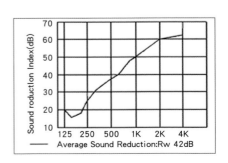

厚度加厚到間距 75mm，使用 67mm 厚的岩棉板，並且兩側各有兩層石膏板。可以看出，隔音效果馬上有了大幅度提升，尤其是低頻。

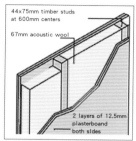
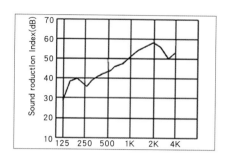

阻攔式隔音材料

1. 橡膠皮

連綿成片的橡膠皮是絕佳的隔音材料，它本身能隔音，還能吸收振動。無論是單獨使用還是與其他材料結合使用都具有非常強的隔音效果。更難能可貴的是，它對各種頻率的聲音基本上都是"一視同仁"，連最難處理的低頻也能有效解決。橡膠皮也是分不同厚度的，越厚的當然越好。橡膠皮的一般使用方法是夾在兩層鋼硬的材料（比如石膏板）中間，在隔音的同時，

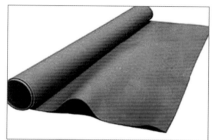
▲ 市面上常見的橡膠皮

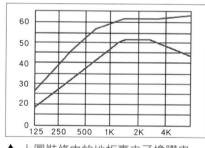

▲ 上圖裝修中的地板裏夾了橡膠皮

還能幫助石膏板減少振動。我們來個實驗，上圖中藍色線是沒有用橡膠皮的隔音牆的隔音效果，紅色曲線是夾入了橡膠皮之後的隔音效果。

橡膠皮非常重，一般都是論重量賣的，一卷橡膠皮通常重 50 公斤（薄的有十幾米，厚的只有幾米的長度）。

2. 石膏板、木板、磚、混凝土

越厚、密度越大的材料隔音效果越好，磚、混凝土、水泥實際上是房屋建造的必需材料。這些堅固的材料主要是有支撐和美觀的作用，它們的隔音能力也不強，但是因為它們硬，也會起到固體傳聲的作用。另外，中空的磚隔音效果比實心的要好。石膏板，是房屋內的最裏面一層，也是大量使用的室內裝修材料。注意，各種保麗龍材料，絕對不可以作為隔音材料使用，它們與玻璃纖維棉

或岩棉有著天壤之別。普通保麗龍，雖然有很好的保溫和防震能力，但是隔音能力卻很差，它們既硬又輕，是很好的傳聲材料。

3. 不同結構的隔音能力

　　不同的材料有不同的隔音能力，相同材料不同的結構也有不同的隔音能力。下面是幾種常見結構的隔音情況，聲學上一般用"聲音傳輸等級"（Sound Transmission Class，簡稱 STC）來表示隔音能力。我們無需了解甚麼是 STC，只需要知道下面這些就行了：STC ＞ 56，表示隔音能力非常強。STC=55 ～ 46，表示隔音能力比較好。STC=45 ～ 36，表示隔音能力尚可。STC=35 ～ 26，表示隔音能力勉強湊合。STC ＜ 15，表示幾乎沒有隔音能力。

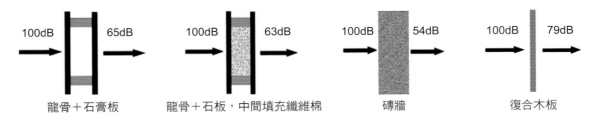

龍骨＋石膏板　　　　龍骨＋石板，中間填充纖維棉　　　　磚牆　　　　　復合木板

4. 牆壁、天花板的隔音

　　下面是一個實用的隔音設計範例，可用於牆壁和天花板。我們用一堵牆來作示範，左邊是側視圖。

　　每隔 60 公分放一根木條。木條（俗稱角料）高 7.5 公分左右，（這裏的"高"指的是垂直於牆壁的頂部距離）。

　　安裝有彈性的鐵片支撐條，也可以用木條代替。這個支撐是用在兩層隔音層之間留出一定的空間的。在兩層隔音層之間留出空間，隔音將可以更好，尤其是對低頻聲音進行阻隔的效果。

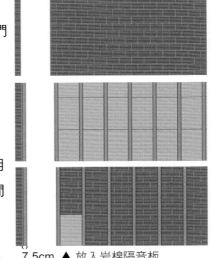

7.5cm　▲ 放入岩棉隔音板

　　安裝石膏板時，請注意，由於有彈性條的存在，因此石膏板並不與岩棉接觸，中間有一定的空間。

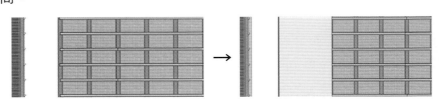

　　石膏板都裝好了，並且要用粘膠把縫隙全部密封起來。

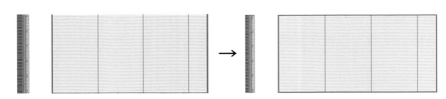

鋪上橡膠皮（黑色部份）。然後再鋪上一層石膏板，這種在兩層石膏板中夾入一層橡膠皮的做法是非常常見的，既能隔音又能減震，效果很好。最後把所有縫隙密封起來。

如果能有雙層的岩棉和橡膠皮，效果會更好，夾層空間可以有效阻隔低頻聲音。牆壁的隔音處理大致就是這樣，你可以將之簡化或者加厚。天花板的處理原理也是如此。右圖是一個隔音效果特別好的帶有較大夾層空間的例子。

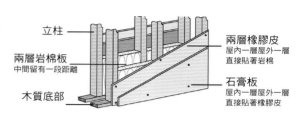

立柱
兩層岩棉板
中間留有一段距離
木質底部
兩層橡膠皮
屋內一層屋外一層
直接貼著岩棉
石膏板
屋內一層屋外一層
直接貼著橡膠皮

夾層空間可以有效阻隔低頻聲音。牆壁的隔音處理大致就像這樣，你可以將之簡化，或者加厚。天花板的處理原理也是如此。

2-3 地板、門、窗的隔音

地板隔音設計範例

下面是幾個地板的懸空型隔音設計。基本設計概念是把地板懸空，用岩棉、夾層空間、橡膠皮來阻擋聲音，但這樣比較花錢。

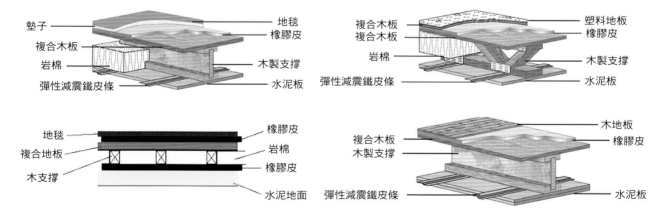

墊子
複合木板
岩棉
彈性減震鐵皮條
地毯
橡膠皮
木製支撐
水泥板

複合木板
複合木板
岩棉
彈性減震鐵皮條
塑料地板
橡膠皮
木製支撐
水泥板

地毯
複合地板
木支撐
橡膠皮
岩棉
橡膠皮
水泥地面

複合木板
木製支撐
彈性減震鐵皮條
木地板
橡膠皮
水泥板

門、窗的隔音處理

門，最好做成兩個，裏面一扇門，外面一扇門，形成雙層隔音空間。每扇門都要加厚，原理上與牆壁是一樣的，但為了節約成本通常要簡化。右圖是一種窗子的隔音範例（完全堵死）。如果不能把窗子堵死，那麼可以做雙層窗，或者做成像門一樣的厚重設計，這樣可以在不錄音的時候打開窗子欣賞風景。

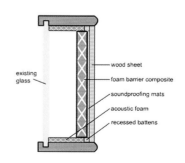

existing glass
wood sheet
foam barrier composite
soundproofing mats
acoustic foam
recessed battens

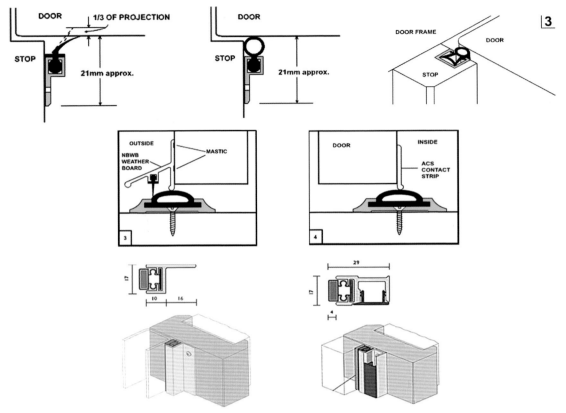

門板的處理，原則上就是把門做成一堵可移動的牆，把門加厚，填充隔音材料（纖維棉、橡膠皮）。最好能用兩扇門，裏面一扇，外面一扇。簡易處理的話，可以用橡膠皮把上上下下的縫隙都密封住，還可以在整個門板上釘上橡膠皮，隔音效果更好，最好是橡膠皮加上纖維棉的混合層，沒有橡膠皮，也可直接用棉製品。

在裝修錄音室的時候，門和窗是裝修的重點。如果在這個環節上出現了問題，那麼整個錄音室的隔音處理就前功盡棄了，所有的聲音都會從門窗的縫隙中穿透。如果您在門窗的處理中沒有更好的裝修方法，我推薦給您一種簡單有效的隔音門窗：塑鋼門窗。因為塑鋼門窗四周都是密封的，隔音效果接近錄音室的隔音門窗。

現在塑鋼門窗的款式多樣，主要有平開式、推拉式、還有上懸式等。但是在錄音室裡面，您一定要選用平開式或上懸式塑鋼門窗。因為推拉式門窗的縫隙要大一些，所以不推薦使用。窗的隔聲性能好壞，主要取決於佔了面積 80% 左右的玻璃隔聲效果，其次在於門窗的密封性能，這就取決於兩片窗之間以及窗與窗框之間的密合度，所以在加工的時候一定要把窗與窗框之間縫隙做的越小越好，安裝的時候也要用玻璃膠封死。還有，若塑鋼門窗的玻璃和塑鋼框之間都採用橡膠膠條密封，隔音效果將較為明顯。綜上所述，您一定要採用雙層玻璃的門窗，要不就乾脆做兩個塑鋼門窗，內外對開。

平開式　　　　　　　　　　　　　　上懸式

　　現在市面上的塑鋼門窗價格參差。塑鋼窗便宜的每窗（高 90x寬80cm）只要四、五千元，進口產品比較貴，有的甚至要一、二萬元以上。塑鋼門的價格相差也很大，由幾千元到幾萬元不等。消費者可根據不同的實際需求，選擇不同等級和價位的產品。

2-4 錄音室觀察窗的隔音處理

　　在錄音室和控制室之間的隔牆中間開一個窗，便於錄音師和配音員的交流。這個窗要做成玻璃的（可以採用 10mm 厚的強化玻璃），通常設計成雙層或者三層，中間那層玻璃做成有一定斜度（20°左右），這樣可以增強隔音效果，每一層玻璃和窗框的縫隙都要用玻璃膠密封起來，中間不要留下任何縫隙，因為會傳導聲音。由於要在牆上開窗，一定要注意安全！如果是承重牆，最好不要動！一定要開窗的話，也要注意安全，記住叫施工人員在開出的視窗上加一道樑。如果裝修的房子是一間比較大的單獨房間，您可以直接把這個房間做一道雙層牆隔開，分成錄音室和控制室。

2-5 封堵和黏合材料

　　做隔音處理的一個基本原則就是所有的縫隙全要堵死。所以各種粘膠、粘合劑、泡沫噴槍、封帶是必不可少的。

3-1 龍骨的搭建

龍骨也就是木制支柱。本身不隔音,但它是隔音層的骨架。右圖是某控制室前端的龍骨。中間大四方形的框框是控制室與錄音室之間的窗子。兩邊的兩個大"洞"是用來放置主監聽喇叭的。上面設計成斜面,是為了避免一次主要的反射聲能到達錄音師的位置。除了木製龍骨以外,也可以使用有彈性的鋼製龍骨。實驗證明:薄的有彈性的鋼製龍骨更不容易傳遞聲音,比木製的龍骨效果更好。

下圖是從錄音室看控制室

3-2 減震材料

這些材料本身不隔音,但是能減少振動,避免聲音通過振動傳遞到下一個空間。這是一種很常見的彈性金屬條,夾在龍骨與石膏板之間。它有一定的彈性。它把石膏板與木制龍骨(支柱)隔開,不讓它們直接接觸,它的彈性能化解振動,避免石膏板把振動傳給龍骨。雖然看起來它不能隔音,但它能戲劇性地增強隔音效果。

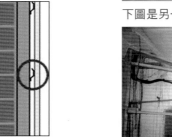

龍骨裡掛上彈性金屬條

下圖是另一個錄音棚在最初階段的龍骨

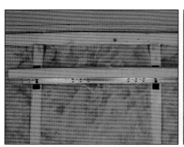

龍骨中添加吸彈性金屬條

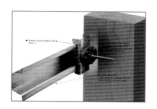

這是一種特製的橡膠皮墊，夾在多層牆體之間用來隔絕震動，達到協助隔音的目的。

這是一種特製的小墊片，兩邊都有膠，可以直接粘在材料上。夾在兩層剛硬材料之間，阻止和隔絕振動。

用法之一：在龍骨與石膏板之間使用墊片隔開，阻斷振動。紅色為減振墊片，3 為岩棉，4 為石膏板。（右圖）

用法之二：在兩層石膏板之間使用墊片隔開，並且緊密粘合在一起，防止振動（下圖1.2）。圖 3 是一張組合使用方法圖，紅色為減速震墊片，實驗證明，這些減速震墊片確實有很好的隔音效果。

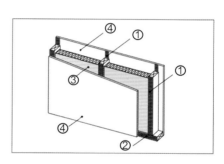

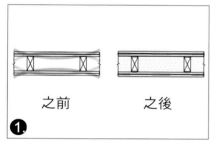

❶

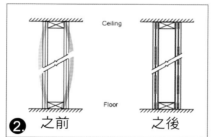

❷

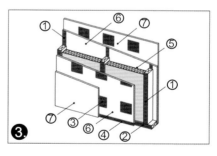

❸

3-3 實物照片

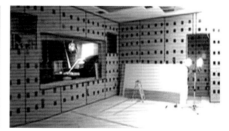
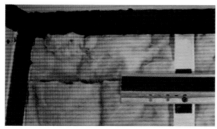

4-1 吸音原理

　　吸音材料主要分為微孔型和纖維型兩類，它們並不是依材質來分的，而是依形狀。吸音原理就是給聲音留下可進入的通道（無數連綿在一起的微小孔洞組成的通道，或者由數不清的纖維交叉在混在一起而形成數不清的細小縫隙），但是聲音一旦進去就出不來了，由於通道太亂太長，聲音在裏面鑽來鑽去左沖右撞，在這個過程中逐漸消耗掉能量，就起到了吸音的作用。所有的具有雜亂無章，長形而具有細微通道的東西都可以作為吸音用途，比如棉花、各種纖維、棉、海綿、地毯；但像普通保麗龍、木板之類的東西，基本上就沒有吸音作用。另外，針頭的表面（好似把許多根針捆成一捆從而形成的"平面"）理論上是最好的吸音材料，聲學實驗室全是如此設計，原理就是聲音到達"針頭"狀表面以後，不斷地向裏反射，而永遠不會向外反射出來，這種表面能像黑洞一樣把聲音（還有光）完全吸收。不過這種方法造價昂貴，錄音室一般都玩不起，也不需要這麼徹底的吸音，所以錄音室都是採用前面的材料。

　　需要提醒大家的是，不同頻率的聲音，被吸收的狀況是不同的。高頻聲音波長短，很容易就能被吸收，而低頻聲音的波長很長，可以輕易穿透障礙物。對於低頻聲音，不但難以隔音，而且難以吸收。它不像高頻聲音那樣會在雜亂的細小通道中撞來撞去，而是會輕易地繞過去。不過只要你把吸音材料加厚到一定程度，就可以吸收 130Hz 以上的低頻了。錄音室對吸音的要求相當嚴格，首先我們要決定幾個比較重要的聲學參數。

　　殘響時間（T）是錄音室的重要聲學性能指示。考慮到本錄音室主要以音樂錄製為主，在這裡我們將本錄音室設計為短殘響錄音室，也稱為強吸聲錄音室。此種標準主要考慮到現代的錄音設備，尤其是音質處理的多樣化，使得音色的創造成為了可能，因此短殘響錄音室可以適應多種類型的錄音需要，既可滿足一般的語言錄音，也可滿足流行音樂的錄製。故殘響時間應控制在 T=0.3S（允許誤差 125Hz 到 4KHz）及接近平直的殘響頻率特徵曲線，聲場不均勻度控制在＋30.dB。

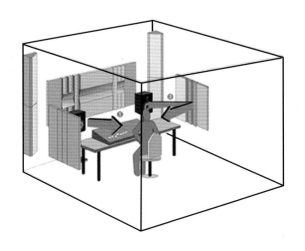
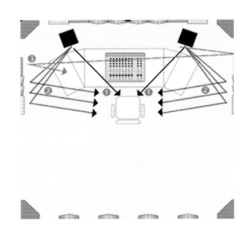

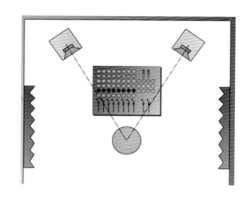

4-2 吸音材料

微孔型吸音材料

　　主要有吸音海綿和吸音保麗龍。請注意這絕非變種的海綿和保麗龍，而是特殊的為了吸音而設計的吸聲海綿和吸聲保麗龍，主要特點是充滿了無數細小通道和孔洞，普通泡沫絕不可以用作吸音用途。

纖維型吸音材料

　　主要有玻璃纖維棉、岩棉、植物纖維棉（包括棉絮、棉被等）。玻璃纖維棉和岩棉是很好的吸音材料，而且便宜，不易燃，所以大量用於建築中來隔熱、隔音。玻璃纖維棉和岩棉對人體有害，人接觸後會很癢，而且這一癢就是一個星期。它們的纖維非常細小，很容易脫落漂浮在空氣中，鑽入人的皮膚。所以接觸它之前一定要穿防護服、戴口罩。雖然現在有新型的環保的玻璃纖維棉了，對人體無害，但是選購時還是要注意一下。下圖是國外的環保型的吸音棉，吸音效果與軟的玻璃纖維棉一樣，但是可以保持形狀，使用更方便。

　　實際上纖維棉的吸音能力比吸音海綿或吸音保麗龍要強很多，但它們有一個弱點：軟，不容易固定成一個形狀，所以不利於使用於室內表面材料，如果要使用，至少要在表面上蒙上一層裝飾布，這樣既美觀又不影響吸音。一些毛氈、地毯、壁布等；本質上與這些纖維棉並沒有什麼區別，但是它們通常很薄，影響了吸音效果。要知道影響吸音效果的是厚度、密度、結構等，而並非纖維本身。越厚、越蓬鬆、纖維越長越亂的材料，吸音效果越好。

其實指的就是布。除了厚的絨布以外，布一般不能吸音，但是布可以用來包裹纖維棉，遮擋一些醜陋的吸音材料，所以這裏的布實際上是一種輔助裝飾材料，只具有遮擋和包裹其他材料的作用。注意，實際上在吸音海綿或纖維棉上面蒙一層布，並不會改善吸音，甚至還有可能減弱中高頻的吸音效果，尤其是高頻。如果這塊布比較密的話，那麼中高頻聲音就容易被擋住，而不能進入吸音層被吸收掉， 所以最好就是根本不蒙布。但如果為了美觀必須蒙布的話，就一定要選用透氣的布，這樣聲音才能穿透它，進入吸音層。或者直接使用音箱布，音箱布能讓聲音完全穿透過去。

4-3 吸音裝置及使用範例（一）

吸音海綿和吸音保麗龍的加工與使用

吸音海綿和吸音保麗龍，無論多厚多薄，對於高頻的吸收都是很好的，但是對於中低頻的吸收，卻與厚度有直接和重大的關係。高頻聲音很容被吸收，無論薄的還是厚的吸音海綿，都能很好的吸收高頻，但是低頻聲音就很難吸收了，必須要很厚的吸音海綿才能搞定。只有比較厚的吸音海綿（超過 5 釐米）才能吸收中高頻帶的聲音。

所以我們應儘量使用厚的材料，如果不能全用厚的，那至少也要厚薄混合，如果全用薄的，那麼就只能吸收高頻聲音，而中低頻聲音仍然會在  房間內反射來反射去，整個房間就感覺有點 "渾"。但請千萬注意，吸音海綿和吸音保麗龍，無論有多厚，都不可能對 200Hz 以下的低頻聲音進行有效的吸音，吸音效果幾乎是零。

國外的建材市場上，很多現成的吸音建材是由吸音海綿和吸音保麗龍製成的，廠家把這些吸音海綿和吸音保麗龍都加工成了一定的形狀，這並不是為了美觀，而是有其他的目的，這些形狀可以讓聲音更容易地 "進入" 吸音材料裏面，避免被直接反射回去。另外有些廠家在背面塗了一層膠，買回去後直接就能貼在牆上和天花板上，安裝方便。以下是國外的公司開發製造的吸音海綿和吸音泡沫板成品。再次提醒你，這些吸音海綿和吸音泡沫，薄的只能吸高頻，厚的可以吸中頻和高頻，但都不能吸低頻。

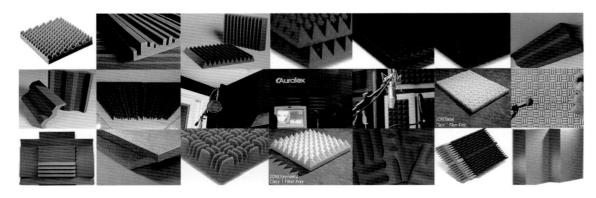

4-4 吸音裝置及使用範例（二）

纖維棉的加工與使用

　　玻璃纖維棉和岩棉是很好的吸音材料，而且便宜、不易燃，所以大量用於建築中來隔熱、隔音。玻璃纖維和岩棉對人體有害，人接觸後會很癢，而且這一癢就是一個星期。它們的纖維非常細小，很容易脫落漂浮在空氣中，鑽入人的皮膚。所以接觸它之前一定要穿好防護服、戴口罩。不過現在有新型的環保纖維棉了，對人體無害。

　　由於玻璃纖維棉和岩棉很容易脫落漂浮有空氣中，所以一定要在上面蒙上一層布。下面就是這樣一種用於天花板的吸音板，裏面是玻璃纖維板，表面是一層粗布，以防止玻璃纖維飄落害人。也有用木框、纖維棉和粗布來製作吸音板的。先做好這木框，然後往裏填充纖維棉，最後蒙上一層布。

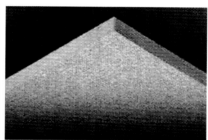

　　這種吸音板用起來比較靈活，可以掛在牆上或天花板上，它還有個特殊作用就是吸收低頻。這是真正能吸收低頻的裝置，也有一些公司設計生產一些現成的吸音板。這些吸音板通常是在內部填充纖維棉，外部用木板或布包裹，掛在牆上就能使用，如果能與牆壁隔開一點距離，吸音效果就會更好。下面是一組小型吸音板。

把吸音板與牆壁或天花板隔開點距離，這樣的低頻吸音效果最好。國外好的植物纖維棉是對人體完全無害的吸音材料，但它不防火，而且貴。不過在中國卻有是相當便宜的，在小店裏買一床棉絮也就不過是一、二百塊錢。植物纖維棉的用法與玻璃纖維棉和岩棉一樣，但它用起來更加隨意，可以完全暴露在空氣中也沒有關係。另外，由於家家戶戶都有現成的棉絮和床墊、棉被，因此它們也成了最好的臨時吸音材料。用棉被（棉絮）來吸音，效果好而且省錢，就是難看了點。

毛氈、地毯、壁布等，也有一定的吸音作用。但是由於它們通常比較薄，因此只能吸收高頻。地毯是用得比較多的方式，地面的吸音就只能靠它了。相信大家都有這樣的體會，地面鋪有地毯的房間會比沒有地毯的房間安靜。所以對於小的隔音室來說，地毯幾乎是必需的。

4-5 吸音裝置及使用範例（三）

角落吸音

　　牆角等各個角落，通常容易聚集聲音能量，因此在角落裏佈置大塊的吸音裝置，可以事半功倍。這些裝置也是吸音海綿，但卻有著巨大的體積和厚度。

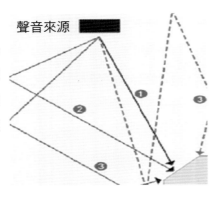

聲音來源

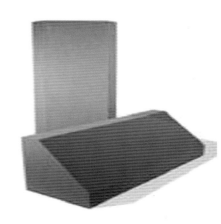

　　這些裝置能夠吸收較低的頻率，能夠吸收所有 130Hz 以上的聲音，實際上是一種全頻帶吸音裝置。不過它們對低於 130Hz 的低頻同樣也是無能為力的。對於我們個人工作室來說，大量使用這種角落裝置是一種明智的選擇。

　　以下是美國開發製造，可以安放在角落的吸音保麗龍和吸音海綿成品，另有其用法示意圖。

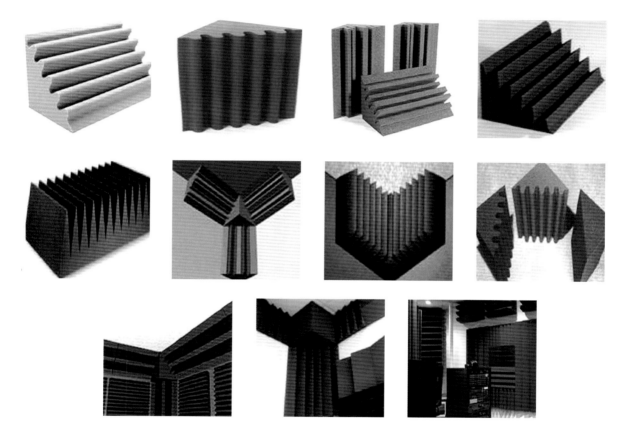

　　與大塊吸音海綿一樣，我們也可以用纖維棉來製作。同樣主要也是放置在牆角。纖維棉製成的吸音裝置對於低頻的吸收效果比海綿更好。在木框內填充大量纖維棉，然後用布包裹，也是很好的角落吸音裝置。

　　牆角斜著放置吸音板，能夠更好的吸收全頻帶的聲音。

Chapter 05 駐波與低音問題

5-1 駐波原理

駐波，是由牆壁的反射引起的，當聲音通過空氣傳遞到牆壁時，會反射回來。某些頻率的聲音其反射聲的聲波正好與源聲音是相同的振動方向，那麼這個頻率的聲音就會被加強，於是這個頻率的聲音就變大了，也有些頻率的反射聲正好與源聲音是相反的振動方向，於是這個頻率的聲音就減弱了。如下圖：

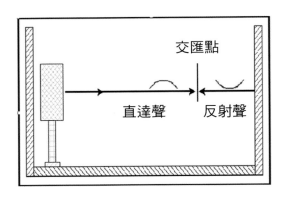
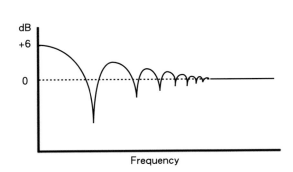

幾乎任何房間都有駐波問題，但程度有輕有重。牆壁相互平行、天花板和地板相互平行、室內沒有大型障礙物房間，通常都有嚴重的駐波。而室內不同的位置，又有不同的駐波。房屋大小不同，駐波的情況也不同。理論上，大房間的駐波現象要比小房間平緩，實際中也是如此。相對而言，大房間的聲音干涉要平緩得多，這就是為什麼大錄音室的聲學狀況要比小錄音室好的原因之一。國外聲學專家建議每一個房間至少要有 70 立方米才能保證高質量的聲音再現，這樣間的長寬高差不多是 4×5.5×3 米的大小。

直角型房屋，也會帶來不同的駐波情況。最糟糕的是長寬高都一樣或者成整數倍，這樣聲音在三個方向上的干涉都一樣，會引發更劇烈的駐波。最好的情況是長寬高都不一樣，讓聲音在三個方向上的駐波互相抵消。感謝聲學專家，他們已經替我們計算好了直角型房屋的最佳長寬高的比例了。如下表：

高	寬	長
1.00	1.14	1.39
1.00	1.28	1.54
1.00	1.60	2.33

低頻的波長很長，而高頻的波長短，根據物理知識可以測算出，駐波問題主要發生在低頻區。越往高頻，駐波越來越輕。這與前面所說的大房間的駐波比小房間的駐波要輕，是相同道理。

通常，我們工作室低頻區的駐波是非常嚴重的，嚴重到完全影響我們對音樂的判斷，你覺得某個貝士音太重了，面實際上它並不重，是駐波使你誤以為這個音很重，你又覺得某個音太輕了，而實際上它並不輕，是因為反射聲與直達聲相互抵消了，使你誤以為它很輕。

對於我們多數人來說，從根本上解決駐波的方法有兩個：1、改變聲音反射的方向，可以通過改變房屋室內牆體形狀，或增加反射板來實現。2、消除反射聲。

前面我已經說過，駐波問題主要發生在低頻區，只要解決了低頻駐波，整個問題基本上就解決了。因此解決駐波的方法實際就變成了：改變低頻聲音反射的方向！

5-2 解決方法（一）

改變低頻聲音反射的方向

有人說，我拿一個吃飯用的盤子斜著裝在牆上，不就能改變聲音的方向了嗎？錯！這只能改變高頻聲音的反射，而改變不了低頻聲音的反射。低頻的波長很長，從一兩米到幾米，甚至十幾米，低頻聲音會輕易地繞過這個盤子。根據前人的物理研究成果我們得知，只有大型的障礙物才能影響低頻的方向，因此我們就不能拿小東西來試圖影響低頻的傳播路線，而必須用大的東西。什麼樣的東西才是 "大" 的東西呢？1、不同角度的牆壁、天花板；2、大型的角度不同的反射板。

直接把牆壁和天花板做成特殊的形狀，是專業錄音室一致的做法，我們來對比一下專業錄音室和普通房間，就會明白了。右面是兩個不同房間的俯視圖，圖一是專業錄音室控制室裏的聲音反射情況，無論怎樣反射，都不會有一次反射（主反射聲不能很容易到達錄音師的位置；圖二是普通房間的情況，聲音可以通過許多種方法直接反射到錄音師的位置。

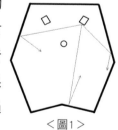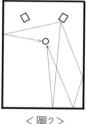

<圖1>　　　　<圖2>

因此，在專業錄錄音室，一次反射（主反射）聲根本不會達到錄音師的位置，所以極大地避免了駐波現象。而在普通房間裏，會有各個角度的許多一次反射（主反射）聲能達到錄音師的位置，有嚴重的駐波現象。右圖是一張典型的大型錄音室的規劃圖，可以看到，所在控制室和錄音室全都是不規則形狀的。

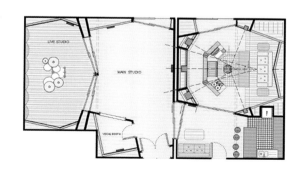

▲ 天花板也是不規則的，通常控制室的前端會設計成
　這樣，避免聲音在天地之間形成駐波

▲ 再來一張天花板的特寫

▲ 也可以利用巨型的擋板

▲ 這個錄音室裡的所有牆壁全是歪斜
　的，天花板也是斜的

下面幾個錄音室，天花板的巨大擋板可以有效地消除駐波。

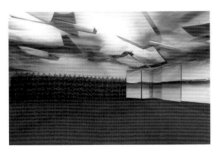

5-3 解決方法（二）

消除低頻反射聲

　　低頻反僅僅會帶來駐波問題，還會帶來難以根除的低頻混響。很多朋友可能會發現，你房間的低頻是那樣的混濁和沉重，這就是低頻殘響。低頻殘響在空曠的小房間裏尤其嚴重。

　　有人說，這個容易，用吸音海綿或者棉絮吧。但是無論這些纖維棉有多麼好的中高頻吸收能力，到了低於 150Hz 的低頻時，幾乎沒有任何吸音能力。實際上聲學專家早已給出定論：任何軟質的吸音材料對於低頻的吸收，基本都是無能為力的。

　　低頻的波長很長，在前面我已經強調過，設想一下：兩三米、六七米長的聲波在你房子裏"飛來飛去"，無人能擋。因此能吸收低頻的東西，也必須是"大"的東西，需要佔用大量的空間。

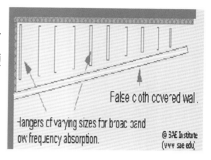

　　聲學專家給出的正解是：1、使用大型的、硬質的、相互有一定距離的多個障礙物來吸收低頻。2、使用大型的空腔（外表是硬質的），來吸收低頻。具體的表現形式有三種：

　　一：佈置大型的障礙物，像這樣在天花板下懸掛大型障礙物。

　　每一片障礙板的中間是硬質的高密度的玻璃纖維棉板，外層是岩棉，直接粘在硬質的玻璃纖維棉板上。板的大小決定了它能吸收多少頻率的聲音，越大，所能吸收的頻率越低。通常，1800×500mm 大小的板能夠吸收較低的低頻，1200×300mm 大小的板能吸收較高頻率的低頻。

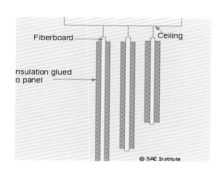
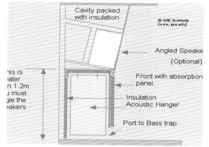
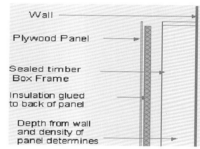

有的錄音室，會有這種做法：

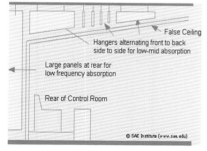

▲ 這些隱藏著的低頻吸音裝置，能夠非常有效地吸收低頻。

　　二：佈置這種特製的低頻吸音板裝置，最外層是複合木板，然後是纖維棉和空氣層，最後用要板把周圍密封，整個裝置做成了一個密閉的空腔，空氣層的厚度和板材的密度決定了能吸收多少頻率的聲音，越厚就越能吸收更低的頻率。

　　右圖這個工作室佈置了各種不同規格的低頻吸音板。你可以發現，這些吸音板非常巨大，與那些只能吸收中高頻的吸間板截然不同。

　　下頁圖中的小型吸音板本來不是用來吸低頻的，但如果把它斜在牆角放置，或者離開牆壁一點距離，那麼它對低頻的吸收就猛然增強。

 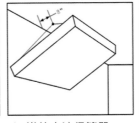 

▲ 掛的方法很簡單

右圖硬質的巨大的板型裝置，可以有效地吸收低頻。注意並非是它的表面在吸收低頻，而是整個裝置作為一個整體在吸收低頻。

三：大的空腔可以吸收低頻。從左下圖可以看到，所謂的低頻吸音板裏面都有空氣層，也就是說它是一種小型的空腔。那麼大型空腔就更強了，對低頻的吸音更好。你可能會注意到，專業錄音室裏好像看不到有特別的低音吸收裝置，但卻沒有低頻反射問題，這正是因為專業錄音室的牆體裏面有巨大的空腔。右下圖是一個典型的中型錄音室的控制室規劃圖，可以看出裏面有許多巨大的空腔。這些空腔的作用之一就是吸收低頻。

 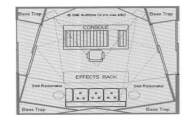

5-4 省錢的辦法

上面都是些專業錄音室和專業工作室的做法，咱們窮人不可能把房間改造成這種形狀，也不可能搞那麼多專業吸音板來。怎麼辦？不用怕！有的是辦法！改變牆體我們做不到，不過，大型的反射物也有同樣的效果，而這種東西我們是能弄到的。比如使用大型的反射板，堆放傢俱，箱子……只要經過巧妙設計，避免一次反射（主反射）聲能傳到錄音師位置，就可以有效解決駐波問題。大家可能發現，越是傢俱多、大型障礙物多的房間，駐波問題越輕；而越是空曠的房間，駐波問題越嚴重，就是這個道理。那麼，低頻吸音怎麼辦？其實，我們家裏櫃子、箱子、桌子、椅子、床等等，就能夠吸收低頻。它們

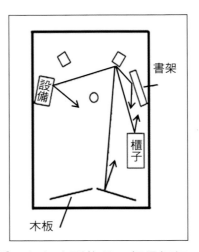

不正是前面所說的大型的"空腔"、大型障礙物嗎？對於我們窮人來說，任何大型物品，都是極好的防止駐波和吸收低頻殘響的方案。你可能已經注意到了，傢俱多的房間，低頻殘響要大大少於傢俱少的房間。請注意，並不是這些物體的表面材料在吸收低頻，而是整物體作為一個整體在吸收低頻。如果能把物體離開牆壁一點距離，吸音效果更好。另外需要知道，密閉的空箱對於低頻的吸收往往好於敞開的箱子。總之，窮人的解決方案就是儘量佈置大型障礙物、傢俱、箱子，別再把希望寄託在海綿和棉絮上了。

錄音室是很密封的，長期在裏面工作，會因為空氣不新鮮，設備排出有害氣體和裝修氣味，對人體產生傷害。所以，作為專業的錄音室，通風換氣是很重要的。

錄音室裏正規的做法是把整個房間完全封死，僅用通風管道加上換氣風扇來通風。右圖這個錄音室，注意牆上的四個通風口，這只是一側的通風口，在另一側還有四個，一側送風，一側吸氣。

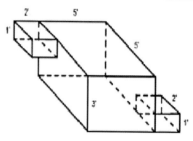

換氣設計，應該是有一側進口，一側出口，讓空氣自然迴圈流通。室內的換氣口當然不能夠直接短距離與外界相通，因為這等於是給房子開了一個開口，完全不隔音。所以我們要使用較長的，而且是彎曲了好幾個來回的通風管道，這樣外界的聲音進來時（或裏面的聲音出去時），在通風管道內來來回回"折騰"，能量被消耗，最後就傳不到房間裏來，這樣我們就達到了既能通風了又可以隔音的效果。右圖兩種設計方案，第一種是錯誤的，通風管道太短，破壞了整個隔音。第二種是正確的，通風管道很長，而且彎彎曲曲，不會破壞隔音。

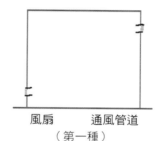

風扇　　　通風管道
（第一種）

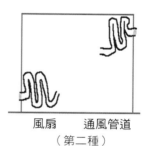

風扇　　　通風管道
（第二種）

這是通風管道被接入室內的口

上面兩張圖是某錄音室未完工的通風管道口

風扇運轉起來時，馬達也會產生噪音，所以風扇應該裝在外牆那側，不要裝在室內。風扇的選擇很重要，要知道，風扇越大的噪音越小，這是因為風扇越大，所需要的轉速就越慢，而風扇的噪音主要來自馬達軸承。所以我們應該儘量選擇直徑比較大的換氣風扇。另外，渦輪狀換氣扇也比螺旋槳式換氣扇的噪音要小。

噪音小　　　　　　噪音大

7-1 解決電腦主機噪音問題

電腦主機上很多噪音源，風扇、硬碟、光碟機。有人說了，我去買沒有噪音的風扇、硬碟，行不行？可以，不過還要等兩年，等到廠家能製造出沒有噪音的風扇和硬碟……現在能解決電腦噪音的方法，就是隔離。

可以給電腦單獨配備一個隔音箱，像右上圖那樣：

這個桌子的電腦箱後面有兩根通風管直通外面，一進一出送風，給電腦通風降溫，裝置起來還是比較複雜的。另一個絕好的辦法，就是把電腦主機放到另一間房子裏去，這樣就絕對沒有噪音了，當然，你的顯示器、滑鼠、鍵盤、甚至光碟機，仍然在工作室內，主機與這些線材的連接，需要通過延長線才能實現。如圖所示：

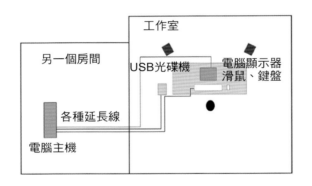

一般來說你需要這些延長線：1.顯示器延長線，注意一定要買帶有"磁環"的延長線，磁環是用來防止電磁干擾的，如果不加磁環，顯示線延長後就容易出現影像問題，比如圖像失真，有重影等等，有了磁環，圖像就不會受到干擾；2.USB 延長線，注意一定要買 USB2.0 版的延長線，目前市場上的 USB 延長線品質很雜，質量差的線不能使用（沒有信號）。

以上兩種辦法，都可以解決電腦噪音問題，把電腦搬到另一個房間是最好的，完全沒有噪音，把電腦放到櫃子裏也可以，但效果沒有比放到另一個房間好，而且機箱熱量難以散發。像右上圖這樣在桌子內部貼上吸音裝置，降噪作用還是有限的。

　　另外，附帶著說說電腦的擺放。顯示器應該儘量放低一點，一般使顯示器的上沿與人眼平行，使人在看顯示器的時候，眼睛是在朝下看，這樣是最舒服的，最符合人體的自然狀況。很多專業錄音室或者音樂工作室，為了把主要位置讓給調音台或者合成器，而把顯示器放在高處，這對人的健康是極為有害的，長期在這樣情況下工作，會造成頸椎疼痛甚至疾病。現在專業錄音室通常都不注意這些事情，所以部分專業錄音室顯示器的位置都是對人體有害的。不過對於我們個人工作室來說，我們應該更加注意健康的設計，因為我們要長時間坐在電腦面前工作。右圖的顯示器放置的位置是比較合理的。

7-2 機架式設備的擺放

幾個典型錄音室的機架櫃　　　　　　自制的簡易機架櫃

7-3 隔牆接線盒

　　在正規的錄音室裏，錄音室與控制室之間的牆壁上，必須有一套接線盒，用來連接兩邊的各種線。牆壁是被打穿了一個洞的，兩邊各用一個接線板覆蓋上。右圖是一套典型的接線板。

　　下面是一個接線盒的安裝過程：

7-4 麥克風的擺放

　　在錄音室唱歌的時候，經常會將氣流直接噴到麥克風上，這時，錄出來的聲音，明顯會帶有強烈的噴音音效，給後期處理帶來了很大的不便與麻煩。使用麥克風防噴罩就可以有效避免噴氣的聲音。一般錄人聲的麥克風前面，都要擺放一個專業的防噴罩。

7-5 控制台的設計

　　在傳統的錄音室裡面，工作台的設計和安裝是非常重要的，這不僅可以提高錄音室的整體格調，而且可以方便錄音師的操作。所以選擇和製作控制台一定要把集成性、舒適性、美觀性、科學性考慮到一起。現在國內也有專門從事機房傢具生產和銷售的店家，但樣式大多都很雷同，您可以根據自己設備的大小找專門的店家量身定做。

8-1 幾張範例照片

先來看看一些正規錄音室是怎樣擺放監聽喇叭的。

8-2 安裝在哪裡？

近場監聽音箱，是我們個人工作室的主要監聽，一般是放在支架或桌子上。如果是放在架子上或者桌子，應該使用彈性材料（如橡膠）隔離音箱與架子或桌面，避免音箱的振動傳給架子或桌面。

中場音箱可以放在架子上，也可以埋在牆裏。當然，近場音箱也可以。

遠場監聽喇叭，一般都是埋在隔音牆裏。這樣可以讓錄音師獲得不受反射聲干擾，最準確的聲音。

下面是幾個把監聽喇叭埋入牆裏的實例。

8-3 安裝的角度、高度和距離

角度和高度

正確的角度是：兩個音箱正對著錄音師的耳朵，與錄音師的頭形成一個等邊三角形。

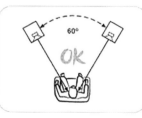

多遠的距離？

監聽喇叭距離人頭有多遠，是有一定講究的，但並不嚴格。近場監聽音箱一般放在距離人頭 1-2 米處比較合適，中場監聽喇叭可以放在 2-4 米。主監聽音箱（遠場可以放在 3-6 米處。

8-4 其他注意事項

要特別注意防止桌面或調音台成為反射源，影響我們的監聽質量。

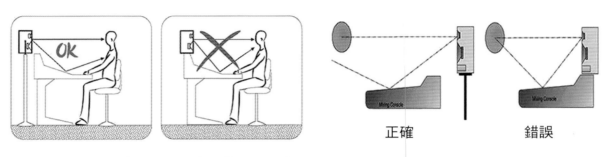

正確　　　　　錯誤

還要注意要按照廠家建議的方向放置監聽喇叭，不要自作主張。

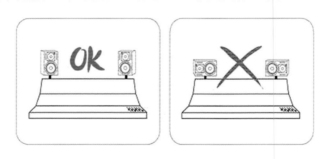

8-5 橫放還是豎放？

有種說法是把監聽喇叭橫過來放的，聲音會更好。這種說法是沒有根據的。喇叭應該橫放還是豎放，廠家最有發言權。科學實驗證明，如果是兩個單體的監聽喇叭，直放比橫放好。

首先，把監聽喇叭直放，會增大與混音器台面的距離和角度，減少由混音器台面反射音箱的聲音給錄音師，減少這種反射所帶來的"梳狀濾波"效果（本來是平直的頻率，卻變得不平直）。這是科學實驗可以證明的。如下頁圖片所示：

頻率曲線中的灰色曲線，是監聽喇叭的頻響曲線。
綠色曲線，是喇叭直放時，經過混音器台面的反射後的最終頻率曲線。
紅色則是喇叭橫放時的曲線。可以看到，當監聽喇叭橫放時，會給聲音帶來嚴重的影響。

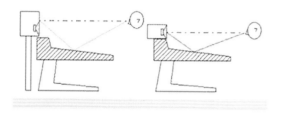
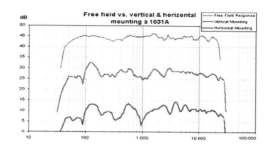

其次，任何由多個單體（喇叭）組成的音箱（例如近場監聽音箱都有兩個單體），都有個毛病：如果兩個單體與人耳的距離不一樣，那麼此時從兩個單體傳到人耳的相同頻率的聲音是不相同的，疊加後會相互抵消一部份，甚至在相位相反的時候會完全抵消，從頻率曲線上看，就是中間有個缺口（好像是被斧頭砍了一下似的）。所以我們要保持兩個單體與人耳的距離一致。而我們知道錄音師的腦袋在工作時要經常橫向移動，但很少縱向移動（要站起坐下才能達到），因此，把喇叭直放就能保持兩個單體與錄音師的距離是一樣的，不管錄音師是否在正中間的位置上。這樣就能避免音箱的這個缺點。綜上所述，直向放置近場監聽喇叭比橫著好。

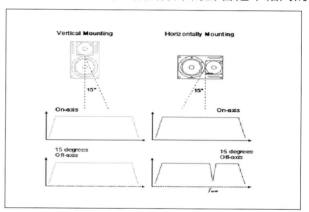

8-6 環繞聲系統的擺放

一般在監聽喇叭說明書裏都會有詳細的擺放位置的說明。你也可以參照右邊這張圖片來進行擺放，藍色的是 5.1 聲道的喇叭配置（還有一個低音喇叭沒有在圖上標出來，一般可以放在正前方的地上）。

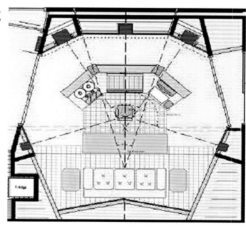

前面幾個章節已經對裝修錄音室進行了詳細的介紹。也許前面介紹的過於詳細，有些朋友一時摸不著頭緒。在這個章節裡，我們對裝修錄音室的幾個方案來做一個全面的總結，希望能給準備裝修錄音室的朋友一個借鑑。

9-1 錄音室的房間大小：

國外聲學專家建議控制室至少要有 70 立方米才能保證高質量的聲音再現，這樣房間的長寬高差不多是 4×5.5×3 米的樣子。但是根據我們國內的實際情況，控制室有 5-10 坪就可以完成成功的錄音工作了。錄音室的空間要根據你所要錄製的聲音來決定。理論上越大的聲音需要越大的空間。如果只錄製人聲的話，錄音室可以不必很大，國外專業錄音室的人聲錄音間，面積通常在5-8坪左右，這是因為人聲要比樂器的聲音小很多。

直角型房屋錄音室的最佳的長寬高比例，請參考下圖：

高	寬	長
1	1.14	1.39
1	1.28	1.54
1	1.60	2.33

9-2 錄音室佈局平面圖

1. 簡單的錄音室平面圖

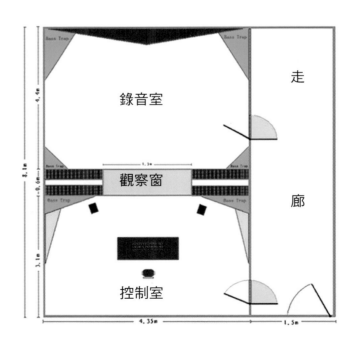

2. 簡單的錄音室平面圖

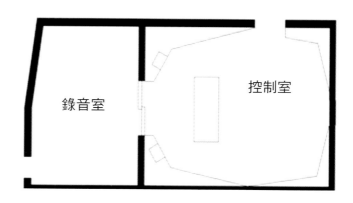

控制室

錄音室

9-3 首先做隔音處理

1. 牆壁、天花板的隔音

說明：如果您選擇的房屋本身有非常好的隔音牆體，而且周圍沒有鄰居或者強大的噪音來源，那麼您在裝修錄音室的時候，就可以在隔音上少花一些本錢了。但是如果您周圍的環境不是很理想的話，那麼這一步就是非常重要的了！

右圖是最典型的隔音處理方案。

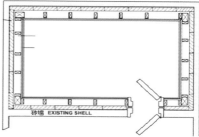

磚牆 EXISTING SHELL

下面是一個實用的隔音設計範例，可用於牆壁和天花板。這是一堵牆，圖的左邊是牆面側視圖。（如右圖1）

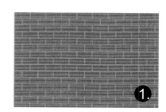

每隔 600 毫米放一根木條，木條高 75 毫米左右（這裏的"高"指的是垂直於牆壁的頂部距離）。（如右圖2）

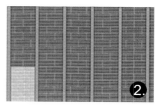

放入岩棉隔音板

安裝有彈性的鐵片支撐條，木條也行。這個支撐是用來在兩層隔音層之間留出一定的空間。在兩層隔音層之音留出空間對聲音，尤其是低頻聲音進行阻隔。（如右圖3）

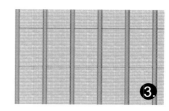

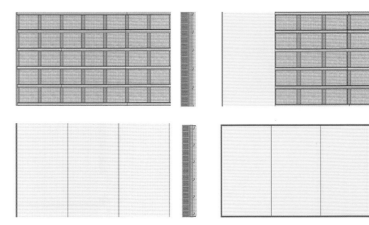

安裝石膏板，注意由於有彈性條的存在，因此石膏板並不與岩棉接觸，中間有一定的空間。（如右圖）

石膏板都裝好了，並且要用黏膠把縫隙全部密封起來。周圍要用乳膠密封起來。如右圖：

鋪上橡膠皮（黑色部份）。然後再鋪上一層石膏板，這種在兩層石膏板中夾入一層橡膠皮的做法是非常常見的，既能隔音又能減震，效果很好。最後把所有縫隙密封起來。

如果能有雙層的岩棉和橡膠皮，效果會更好，下面是一個隔音效果特別好的帶有較大夾層空間的例子：夾層空間可以有效阻隔低頻聲音。牆壁的隔音處理大致就是這樣，你可以將之簡化，或者加厚。天花板的處理原理也是如此。

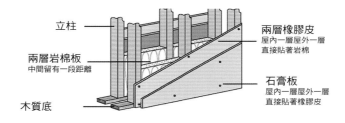

立柱
兩層岩棉板
中間留有一段距離
木質底

兩層橡膠皮
屋內一層屋外一層
直接貼著岩棉
石膏板
屋內一層屋外一層
直接貼著橡膠皮

較大夾層空間的例子

2. 地板的隔音

地板隔音設計範例

下面是幾個地板的懸空型隔音設計。基本設計想法是把地板懸空，用岩棉、夾層空間、橡膠皮來阻擋聲音。但這樣比較花錢。

墊子
複合木板
岩棉
彈性減震鐵皮條
地毯
橡膠皮
木製支撐
水泥板

地毯
複合地板
木支撐
橡膠皮
岩棉
橡膠皮
水泥地面

9-4 龍骨的搭建和吸音棉的填充

　　龍骨也就是木制支柱。本身不隔音，但它是隔音層和吸引層的骨架。控制室的牆角均做了非直角處理，各牆面互不平行，天花板也設計成斜面。右圖是某控制室前端的龍骨。

❶ 首先在隔音牆體外做一層木質龍骨，高度有 5—10 公分即可。

❷ 然後在外面用石膏板密封好。這層是隱藏的空腔，以產生吸收低頻的作用。

❸ 在石膏板外面再做一層龍骨，高度有高有低錯落有致，形成不對稱不平行的平面，高度約 5—10 公分。

4. 然後進行吸音棉的安裝。吸音棉外面用紗布等類似的薄布封閉，以防止細小的絨毛外泄。

 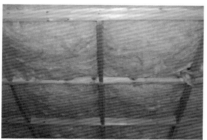 

▲ 吸音棉：玻璃纖維棉、岩棉、植物　▲ 天棚的龍骨中也添加吸音棉　　▲ 龍骨裏掛上吸音棉
　纖維棉，環保吸音棉（包括棉絮、
　棉被等）

5. 外面裝飾布的安裝：用馬釘將自己喜歡的布料裝在龍骨的最外面，在接縫處用木壓好，然後打磨刷漆。除了厚的絨布以外，裝飾布一般不能起到太大的吸音作用，但是布可以用來包裹纖維棉，遮擋一些醜陋的吸音材料，所以這裏的布實際上是一種輔助裝飾材料，只具有遮擋和包裹其他材料的作用。

6. 簡單的方法是在第二個步驟以後直接貼上吸音海綿，這樣雖然簡單粗糙，但也能起到吸音的作用。

9-5 錄音室觀察窗的安裝製作

在錄音室和控制室之間的隔牆中間開一個窗，便於錄音師和配音員的交流。這個窗要做成玻璃的（可以採用 10mm 厚的強化玻璃），通常設計成雙層或者三層，中間那層玻璃做成有一定斜度（20°左右），這樣可以增強隔音效果，每一層玻璃和窗框的縫隙都要用玻璃膠密封起來, 中間不要留下任何縫隙，因為會傳導聲音。要在牆上開窗，一定要注意結構的安全！如果是承重牆，最好不要動！一定要開，也要記得請施工人員在開出的視窗上加一道樑。如果裝修的房子是一間比較大的單獨房間，您可以把這個房間做一道雙層牆隔開，分成錄音室和控制室。

9-6 接線盒

正規的錄音室裏，錄音室與控制室之間的牆壁上必須有一套接線盒，用來連接兩邊的各種線（麥克風、耳機分配器、監視器等）。裝修的時候，首先要在牆壁上打穿一個洞（洞的大小要適中），兩邊各用一個接線板覆蓋上，中間焊好音頻線。焊過牆盒時要注意介面的一一對應，一般過牆盒上的介面都有編號。這個洞若有漏音的情況，塞進些岩棉和膠密封起來。

下面是一個接線盒的安裝過程：

9-7 解決電腦主機噪音問題

電腦主機上很多噪音源，風扇、硬碟、光碟機。有人說了，我去買沒有噪音的風扇、硬碟，行不行？可以，不過還要等幾年，等到廠家能製造出沒有噪音和風扇和硬碟……又有人說了，我裝水冷，行不行？不行？因為有水冷同樣是有風扇的，而且水冷安裝非常複雜，使用起來非常危險，並可能會損壞電腦。現在解決電腦噪音的方法，還是隔離。可以給電腦單獨配備一個隔音箱，如下圖。這個桌子的電腦箱後面有兩根通風管直通外面，一進一出送風，給電腦通風降溫，裝置起來還是比較複雜的。

9-8 音箱的安裝

幾乎所有的正規錄音室，都是把主監聽喇叭埋入到牆裏。近場監聽喇叭則放在錄音師附近。下面是一個把監聽喇叭埋入牆裏的實例。

近場監聽音箱也可以放在立柱式支架上

監聽喇叭必須擺放在房間中左右對稱的位置上，錄音師的位置應該處在室內中線上，這樣才能保證左右聲音的平衡。

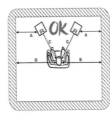

如果是大的主監聽喇叭，那麼基本上都是要埋入牆裡。

9-9 機架式設備的擺放

下面是一個典型的錄音室裏的機架櫃：

9-10 其他

1. 錄音室中的照明最好用白熾燈，別用日光燈管，儘量避免交流電的電流聲和不必要的噪音。

2. 牆上的電源盒要多幾個，最好每面牆都有，做在什麼地方用起來方便，都要先想好。

3. 錄音室內的空調要精心安裝。即要保證錄音室夏季的涼爽又要保證靜音的要求。一般可以將室內機裝在控制室，然後將部份冷氣風通過特殊製作的管道輸送到錄音室。這樣可以節省資金又可以滿足以上的聲學和氣溫的要求。

4. 在選購裝修材料的時候，千萬不要圖便宜選購那些薄環保的建材。因為有些劣質的裝修材料會長時間的散發一些乙醛、苯、氨等有毒氣體。長期在這樣的錄音室裡工作，這些有毒氣體會嚴重影響錄音師的身體健康。對錄音師和錄音員的呼吸系統和血液系統都會有不良的影響。

5. 由於錄音師要長時間在控制室進行編輯工作，為了給錄音師創造一個更加舒適的工作環境，因此在裝修風格上和錄音室內有所不同。在保證聲學效果的前提下，營造出一種生活的氣氛，依靠色彩的變化調節整個房間的氣氛，使整個風格做到生活化、活潑化、浪漫化。整體色調以柔和為主。

10-1 Puk 錄音室（丹麥）

不要以為小國家就沒好錄音室，這是世界著名的帶有全套居住設施的錄音室，除了兩套大型控制室+大型錄音室以外，還擁有自己的賓館、餐廳、游泳池等全套住宿和生活設施。該錄音室的國際大客戶包括 Elton John，Gerorge Michael，Gary Moore，Judas Priest，Depeche Mode，Michael Learns To Rock，等等。

1. 一號錄音間

控制室：面積約 33 坪。錄音室，由五個錄音房間圍攏，總共 65 坪。

主要設備：SSL 4072G / E　混音器，Sony 3324A 數位多軌錄音機，Cubase 5.0 VST / Logic 電腦錄音工作站，訂製的監聽　喇叭，各種效果器和周邊設備。120 多支各式各樣的麥克風。

2. 二號錄音間

控制室：面積約 30 坪，控制室的整體設計與一號錄音間幾乎一模一樣，所不同的是混音座換成了 AMS / Calrec UA-8000。錄音室包括一個大錄音室和周圍的四個小錄音室，總共約 90 坪，其中大錄音室面積約 40 坪，除此之外還有一間約 33 坪的大鋼琴房。

10-2 Angel Mountain 錄音室（美國·賓夕法尼亞州 伯得恒）

　　這是一個新建成的超大型錄音室，占地面積大約是 550 坪，位於美國一個人口僅七萬人的小城市。這個城市是美國一個鋼鐵生產中心。該錄音室占地面積龐大，擁有三個世界級的5.1環繞聲控制室，一個 THX 混音室，巨大的錄音室，以及其他一些工作室。此外還開了一個專業音頻設備商店。

錄音室老板：Gary Sloyer。

建築設計師：Martin Pilchner。

混音器 / 控制台：SSI XL 9000 K；Harrison 96-input；Digidesign Pro Control；Focusrite Controll24。

電腦錄音工作站：Digidesign Pro Tools HD ；iZ Radar 48；Tascam 98HR；Genex 9048；Alesis 16-track mastering M20；MOTU Digital Performer。

主監聽喇叭：Quested 412s，212s；EAW。

擴大機：Quested AP8000's，AP1300s。

麥克風：AEA；AKG；Blue；Coles；Manley；Neumann；Sennheiser；Sony。

各種設備：API；Tubetech；DW Fearn；Manley；Avalon AD2055；Lexicon；TC Electronic；Eventide；Empirical Labs；Crane Song；Universal Audio；Drawmer；Millennia；dbx。

合成器 / 採樣器：GigaStudio；MOTU；E-mu；Rloand；Kurzweil；Korg；Yamaha；Novation；Fatar；Radikal。電影混音室，可進行 THX 混音，6.1Dolby Digital EX 多通道混音。

主要設備：THX，6.1 Dolby Digital EXHarrison Series 12 電影混音控制台 EAW，Quested VS 3208 近場監聽喇叭各種效果器。

1. 音效錄音室▶

用於給電影錄製各種音效,牆上掛的是 50 英寸的液晶電視。

2. 主錄音室▼

可容納一支 50 人的交響樂隊。包括一間大型錄音室和一間小型錄音室。有電影銀幕和電影放映機(照片中沒有擺出來),可以放映電影。

A 控制室(大型錄音 / 混音控制室)

可做音樂,也可做環繞聲。自帶一個休息室和一個小型錄音間(用於錄製人聲之類的簡單工作)。

主要設備:SSL XL 9000 K 混音器,一些麥克風前級,許多效果器,多軌錄音機,ProTools HDQuested 412'S 監聽喇叭(5只),18寸低音喇叭(2只)電影銀幕,電影放映機。

B 控制室（音頻後期工作室）

主要做錄音混音後期，環繞聲混音等。自帶一個小休息室和一個小錄音間（可以用來錄製人聲等簡易工作）。

主要設備：32 軌的 Digidesign Pro Control 控制台，一些麥克風前級，壓縮器，效果器，多軌錄音，Protools HD Tascam 98 HR，Quested 212，監聽喇叭（5只），18 吋低音喇叭。Dolby & DTS 編碼。

C 控制室（音頻編輯工作室）

自帶一個小休息室和兩個小錄音間。

主要設備：Digidesign Control 24 控制台，多軌錄音，ProTools HD Mastering M20 主監聽喇叭，Quested 212，監聽喇叭（5只），各種麥克風放大器，各種壓縮器，一些EQ。

A 作曲室

主要設備：5 個 Quested VS 2108 監聽喇叭（可做環繞聲）Yamaha DM2000 混音器（2台）。多軌錄音，Protools HD，MOTU Digital Performer，GigaStudio 軟體採樣器電腦（5台）Emu，Korg，Roland，Yamaha，Novation 等許多合成器、音源。

影像 / 多媒體工作室（兩套）

用來做影像剪輯，處理，電視節目製作，多媒體製作，平面設計，網頁製作等等。

主要設備：Pinnacle Cinewave、Final Cut Pro、
Avid MCxpress、After Effects，等各種專業影像設備和各種多媒體軟體。

10-3 Hitokuchi-zaka Studios 錄音室（日本・ 東京）

建立於 1978 年 7 月 15 日，在東京市中心附近，有多套錄音室和多套後期製作室。

1. 一號錄音間

錄音室面積約 55 坪，平均高度 6.3 米，附帶 6 個小錄音室，可容納 70 人編制的樂團錄音。控制室 30 坪，平均高度3.5米。主要設備：

錄音機：Sony PCM-3348，Studer
A-800 / 24ch / 16ch / 8ch。

混音台 / 控制台：Neve VR-72(72in48out)
Flying Faders。

監聽喇叭：Kinoshita Rey Audio Rm-4B。

擴大機：JDF HQS3200。

鋼琴：Steinway B-211。

2. 二號錄音間

錄音室面積約 45 坪，平均高度 3.7 米，附帶 3 個小錄音室。控制室約 20 坪，平均高度3.5 米，主要設備：

錄音機：Sony PCM-3348，Studer。

調音台 / 控制台：SSL 4064G（64in 32out）SSL G Series Studio Computer 。

監聽喇叭：Kinoshita Rey Audio Rm-7V。

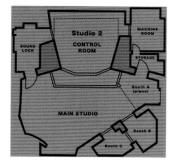

3. 三號錄音間

結構幾乎與二號錄音間一樣。錄音室面積約 45 坪，平均高度 3.7 米，附帶 4 個小錄音室。控制室約 20 坪，平均高度 4.0 米，主要設備：

錄音機：Sony PCM-3348，Studer A-800。

混音器 / 控制台：Neve VR-72（72in 48out）Flying Faders。

監聽音箱：Kinoshita Rey Audio Rm-8B。

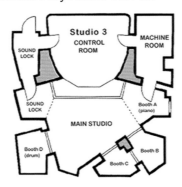

4. 其他

還有兩個影像編輯工作室。

10-4 Sphere 錄音棚（英國· 倫敦）

位於倫敦市中心，有三套大型錄音室，六套小錄音室 / 後期製作。音樂客戶包括：GARY MOORE，PRIMAL SCREAM，ERIC CLAPTON，ELTON JOHN，MOODYBLUES，DURAN DURAN， ROBBIE WILLIAMS，MARIAH CAREY，QUEEN，DAVID KNOPFLER（Chris Kimsey）參與過許多電影（例如《哈利波特》）的後期製作。

1. 一號錄音間

一個多用途的錄音室。包括一個控制室，一個大錄音室，三個小錄音室，可進行 35 人樂團的錄音。控制室，約 20 坪。主要設備有：

訂製的 Dynaudio Acoustics M4 5.1。

監聽喇叭：Neve 88R。

混音：ProTools 電腦錄音工作站。

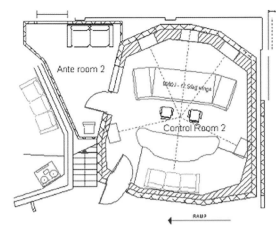

2. 二號錄音間

適合混音、人聲錄音、影視配音、影視錄音後期製作。控制室有 45 平方米。使用 SSL 9000J 混音台，監聽喇叭是 Dynaudio Acoustics C4 5.1 監聽系統。

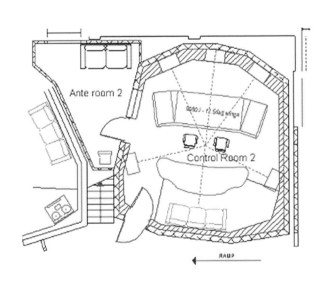

3. 三號錄音間

比較小的一個，一般用來做影視配音等工作。控制室使用 ProTools，Euphonix CS 3000 混音座。 錄音室在控制的後面。

一號製作室

二號製作室

三號製作室

四號製作室

這個製作室曾經被很多著名樂團租用過，包括 The Rolling Stones，INXS，Gypsy Kings，Marillion，The Chieftans，PsychedelicFurs ，The Cult，Duran Duran，等等。

五號製作室

10-5 WestLake Audio 錄音室（美國 · 好萊塢）

世界著名錄音室，擁有 5 套錄音室和 2 個製作室，以及一組數位音頻工作室，擁有 150 多支各種各樣的話筒。這個錄音室出品過許多暢銷唱片。

1. A 錄音間

歷史上最著名的錄音室之一，歷史上許多暢銷唱片都是在這裏錄製的，包括世界銷量第一的唱片：Michael Jackson 的《Thriller》。控制室約 20 坪，主錄音室約 40 坪。

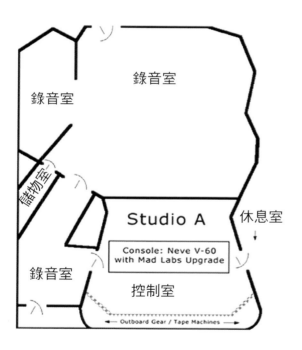

2. B 錄音間

這個錄音室很適合那種想包下錄音室住在裏面不走的客戶，錄音室裏有一個控制室，一個錄音室，三間休息室，兩個洗澡間/洗手間，一個大廚房/餐廳，一個小廚房，入口是隱蔽的。經過特殊設計，使太陽可以射入室內。控制室約 20 坪，主錄音室約 35 坪。

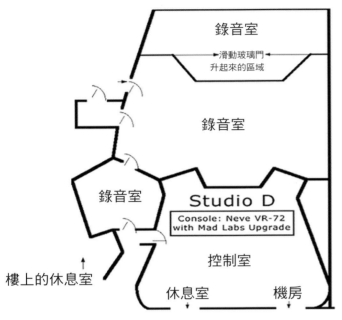

10-6 Metropolis 錄音室（英國‧倫敦）

曾經給 Madonna U2、Bjork、Rolling Strone 、The Verve、Bon Jove、Robbie Williams、Cline Dion、Paul McCartmey 等人錄製過的歌曲。

1. A 號錄音間

控制室的面積是約 20 坪，主錄音室的面積是 300 坪，可容納26人的樂團，另外還有一間用石頭做牆壁的錄音間是約 5 坪（具有明亮的殘響），另一間強吸音的錄音間是約 5 坪。所有房間全部高 6 米。

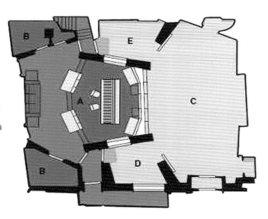

A-Control Room
B-Machine Room
C-Recording Area
D-Store Room
E-Vocal Room

控制室使用設備包括：SSL 9072J 混音，Genelec 1035A 監聽喇叭，ProTools MIX3 電腦錄音工作站。

2. B 號錄音間

控制室 12 坪，錄音室有三個，分別是約 10 平，7 坪、4 坪。

控制室使用設備：SSL 4064G 混音，Genelec 1035A 監聽喇叭，ProTools MIX3 電腦錄音工作站。

3. C 號錄音間

是一個用來做音樂混音、影視配音的錄音室，只有一個小的人聲錄音室。

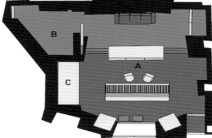

4. D 號錄音間

同上，控制室使用了 SSL 4048E 混音，Genelec 103A 監聽喇叭，ProTools MIX3 電腦錄音工作站。

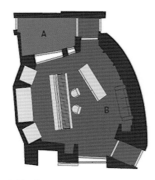

5. E 號錄音間

專做 5.1 混音和影視錄音後期處理的錄音室，帶有一個人聲錄音室。控制室面積約 20 坪，人聲錄音室面積約 3 坪，使用設備有 SSSL XL9072K 混音，PMC BB5 / XBD/MB1 監聽喇叭，ProTools MIX3 電腦錄音工作站。

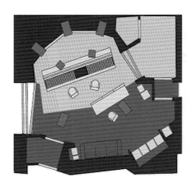

10-7 Victor 錄音室（日本・東京）

有 5 套錄音室，2 個混音室，3 個 Mastering 工作室，5 個錄音編輯室。錄音室外觀氣勢恢宏，看上去像一座監獄，任何人見到都會為之感到震憾。

401 錄音室

包括控制室，大錄音室、三個小錄音室，鋼琴房和休息室。控制室，面積約 20 坪。主錄音室面積是 40 坪。小錄音室，面積是 10 坪，高度是 7 米。

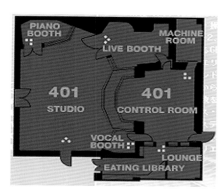

小錄音室，面積是 10 坪，高度是 7 米。 通過加裝不同的材料，可以隨時改變房間混響音色。鋼琴房，面積是 4 坪，高度 7 米。另一間小錄音室，面積 2 坪，高度 3 米。控制室，面積約 20 坪。主要設備：SSL 9080J 混音，Pro Tools。電腦錄音工作站，Sony PCM-3348 數位錄音，Studer A-827 數字錄音機，Genelec 1035A 監聽喇叭。

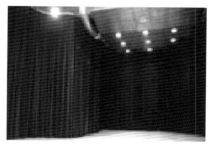

10-8 Abbey Road 錄音室（英國· 倫敦）

對搖滾樂迷來說，這也許是歷史上最著名的錄音室，該錄音室從 1931 年就開始營業了，從 1931 年起到現在，錄製了無數經典的唱片，英國的許多在搖滾史上具有重要地位的搖滾樂作品都是在這裏錄製的，其中 Beatles 就是該錄音室的常客（據說現在你去錄音，隨便一坐就會坐到 Beatles 曾經坐過的椅子上），因此該錄音室成為唱片工業史上最著名的錄音室也就不奇怪了。在這個錄音室錄製的唱片實在太多了，數不勝數。電影方面也很有成就，最近幾年參與過的電影就有：《魔戒》，一、二、三集（整部電影的混音、以及主題曲錄音）、《哈利波特》一、二集、《星際大戰二部曲》、《紐約黑幫》、《史瑞克》等。

1. 一號錄音間

這個錄音間的主錄音室是世界上空間容積最大的錄音室之一，它與倫敦的另一個 Air Lyndurst 錄音室被列為英國最好的兩個錄製交響樂的錄音室，專門用來錄製交響樂和大合唱，面積約有 150 坪，可同時容納 100 人的交響樂團和 120 人的合唱團。這是主錄音室和休息室。此外還有兩間小錄音室。

錄音室大到居然可以開晚會和音樂會

控制室，混音器是 Neve Neve 88 RS 72 軌道控制台。

2. 二號錄音間

錄音室面積達到約 60 坪，可容納 55 人的管弦樂隊，60 軌道的 Neve VRP 的控制台。

當年的 Beatles。這台鋼琴一直到今天還在錄音室裏使用。

3. 三號錄音間

主錄音室面積約 15 坪，人聲錄音室面積約 2 坪。多用來做人聲錄影視配音，混音之類的工作。

控制室，混音台是 SSL 9000J（96 軌道）　　監聽喇叭：B&W Nautilus 801。

4. Enthouse 錄音室

10-9 Skywalker Sound 錄音室（美國· 三藩市）

　　Skywalker 錄音室位於加利福尼亞的 Marin 縣， 四十分鐘的路程可以到達北部的三藩市。擁有佔地 155,000 平方英尺的技術大廈。該錄音室最早是 Lucas Digital（拍攝《星際大戰》的電影公司，老闆就是喬治·盧卡斯）的分公司，建立在屬於喬治-盧卡斯的面積達三千英畝（12.2平方公里）的Skywalker 大農場上，自然，電影《星球大戰》的主要音樂以及音效都是在這裏錄製完成的。

　　該錄音室目前主要進行電影音樂錄音，商業影視節目音樂錄音，基本上是圍繞電影來工作，整個錄音室有 170 名工作人員。曾經先後獲得過 14 次奧斯卡最佳聲音，最佳音效獎，獲得過幾十次提名，另外還獲得過 8 次 TEC 技術獎。

　　錄製過許多好萊塢大片的音樂，製作過許多電影的音效和聲音，大家熟悉的包括：《哈利波特》、《關鍵報告》、《星球大戰二部曲》、《侏羅紀公園III》《人工智慧》、《亞特蘭提斯·失落的帝國》、《X戰警》、《玩具總動員》、《星球大戰三部曲》、《拯救雷恩大兵》（奧斯卡最佳聲音獎，最佳音效編輯獎）、《鐵達尼號》（奧斯卡最佳聲音獎，最佳音效編輯獎）、《玩具總動員》等。

1. 交響樂錄音間

　　具有美國西部最好的大錄音室。錄音室面積 150 坪，高度 10 米，可以輕鬆容納 125 人的交響樂團。特別配備靈活方便的聲學改變系統，可以讓混響時間從 0.6 到 3 秒間隨意設置，除了大錄音室外還有 4 個小錄音室，可錄製獨奏獨唱。

　　控制室使用的主要設備有：Neve 88R 混音器，Pro Tools HD 電腦錄音工作站，Studer A827

類比多軌錄音座，Euphonix R1 數位多軌錄音座，Sony 3348 數位錄音座，監聽喇叭有來自 Meyer Sound、Tannoy 等多套 5.1 環繞聲監聽系統，其他的設備不計其數。

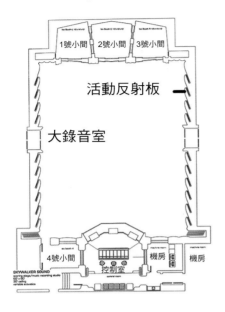

2. 電影音效後期製作 / 電影混音錄音間

有 N 個後期製作室，6 個電影混音室（每個室的混音不是 AMS / Neve 就是 Euphonix）

▲ 能看出來這是哪部電影嗎？

▲ 電影音效室　　　　　　▲ 商業影視後期製作

Chapter 11 錄音室裝修的真實範例

11-1 Patrick Den 工作室（美國）

這是一個大約 3×4 米的小房間，要做成一個個人工作室，下面是規劃圖（度量單位：英尺）

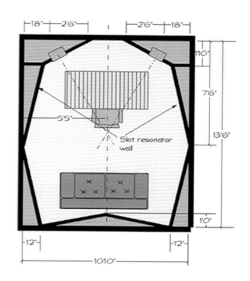

正在修建中的前方右側的牆，已經差不多完工。監聽喇叭已經嵌入了牆裏。

完工後的工作台和前方的牆。如圖的天花板，加了一層斜面，看來這個人不打算粉刷了。 既可以止駐波又可以吸收低頻。

11-2 Eirc Henry 的人聲錄音室（美國）

一個僅半坪的超小錄音室的建造過程。這是 Eric 平時工作的房間，他準備在這裏面做一個不到半坪多的小隔音間，用來錄製人聲。他準備在這個角落裏製造這個超小型的錄音室。照片裏那些器材是暫時放著的，以後要搬走的。用木條製造龍骨（框架），先做好第一面牆的龍骨，然後是第二面。

還有兩面牆，一面其實就是門（整個門當作一面牆），另一面就直接使用房子的牆。接下來開始造牆。在龍骨上填充岩棉，外面用石膏板蓋上並且把縫隙用粘膠堵死。裏面還增加了橫著的彈性金屬條，然後再覆蓋上石膏板（圖中還沒有開始做），這樣內側的石膏板就不會震動了，有助於隔音，注意牆角裏有一個粗的管道，那是通風管，這條通風管從上方進入，向下延伸，把空氣引入到地面吹出，在另一個牆角（圖中沒有顯示出來）有同樣一個通風
道，是在上方把空氣吸走，這樣就有空氣流通了。

　　然後開始做吸音裝置。使用的是由專業公司製造的吸音材料，吸音材料遍佈整個錄音室的所有表面，語音錄音室通常都做成強吸音，消除一切反射，不能有任何光滑的表面，注意牆角裏使用的是很厚的材料，也就是常說的 Bass Trap。

　　放上麥克風架和麥克風，看起來就像那麼回事了。注意這個
顯示器，它顯示的是與錄音電腦一模一樣的畫面，這個設計很有
意思吧？

　　下圖是在室內修建的一個房中房。對於我們很多人應該有所
啟發吧？

11-3 GURUL AND 錄音室的設計裝修過程（澳大利亞）

　　這是一個比較正規的錄音室。也是一個把倉庫改成錄音室的例子，雖然我們不可能會有這樣的機會，但它的建造過程對我們是有啟發的。先來看設計圖紙。

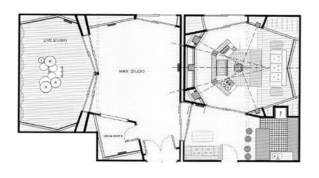

這個倉庫,最大的噪音源是下雨,雨點打在天花板上會帶來很大的聲音,所以要認真做好天花板的隔音。

先安裝 16mm 厚的阻音石膏板,在這層板子之上放了一層岩棉。

天花板的隔音做好了。考慮到周圍比較安靜的環境以及實際情況,他們決定不採用架空地板方式,因為花費太昂貴,他們決定直接在混凝土地面上進行裝修,主要用橡膠皮來做地面的隔音。橡膠層厚 50mm,被 96mm×35mm(高/寬)的木制框架壓著。

然後開始搭建龍骨。在後面可對遠遠的看到已經準備好非常多的岩棉。

蓋上一側石膏板，然後在龍骨裏放入岩棉，再蓋上另一側石膏板。

接下來準備建造內側天花板。內側的天花板建好以後，會與外側天花板形成一個夾層，這個夾層空間可以用來放置排氣管道之類的東西，另外，夾層空間有巨大的隔音和吸收低頻作用（這恰恰是個人工作室所缺少的東西）。

▲ 控制室前端的牆，注意這道牆是斜著的

▲ 這是鼓房，已經快建好了，牆上覆蓋了一層木板

▲ 控制室和錄音室的地面，都增加了岩棉和懸空的地板。

▲ 鼓房牆面做不規則形狀的漫反射設計　　　　▲ 正在建造中的控制室裏的控制臺，上面有很多接線埠

11-4 Joe Egan 錄音室的設計建造裝修過程

　　這是一個更大型"豪華"的大型錄音室，有兩個控制室和若干錄音室。先在天花板和牆壁上做隔音處理，先增加一層6英寸厚的玻璃纖維棉，用龍骨固定，然後蓋上石膏板。

右圖為完成之後的 A 錄音室

　　然後做地面隔音處理。先鋪上玻璃纖維棉，然後覆蓋上複合木板。A 控制室中，工人正在懸空的地面上澆注水泥，這層水泥下面是懸空的，並且有一層玻璃纖維棉，可以很好地隔音，圖中的槽是用來佈線的（放置各種電線和訊號線）。水泥乾了以後，就是這樣，圖中我們可以很清楚看到 A 控制室的形狀（還沒有開始做牆）。注意控制室的地面都是懸空的，其他的地機雖然一樣高，但不是懸空的，因為考慮到成本因素。

　　接下來開始搭建控制室的前面牆，龍骨上的三個箱體是用來放置監聽喇叭的。透過這堵牆，對面 A 是錄音室。

A 錄音室也在繼續建造之中：

安裝好控制室與錄音室之間的玻璃。控制室這邊是一層 1／2 英寸厚的玻璃，分三塊，用膠堵上它們之間的縫隙。錄音室那邊是一層 3／8 英寸厚的鋼化玻璃，也是分三塊。左圖是在控制室內拍的，右圖是在錄音室內拍的。

在錄音室內進行吸音和漫反射處理。這個錄音室比較大，左右兩半部份的吸音處理不一樣。右半部份（從控制室看去）是用光滑的木板來增加一點混響，而左半部分（沒有拍出來）是用了吸音板（吸音板裏面填充了纖維棉，外面罩上一層粗布），把反射聲去掉，這個錄音室被設計成有殘響和無殘響端，國外稱之為"活躍端"和"死端"，這樣就可以靈活選擇聲音風格。

▲ 裝修完成後的錄音室的死端和活躍端　　▲ 錄音室望向控制室

控制台上是 D&R Cinemix 5.1 調音台，小推車上是電腦和 Pro Tools HUI 控制器。主喇叭和中置喇叭還沒有裝上，但白牆上已經裝好了後置環繞聲喇叭。

11-5 LaptopPop 工作室的改造過程

這是一個一間房的音樂工作室。長 5 米，寬 3 米。天花板整個是斜的，高度從 2.4 米到 4 米。有兩個無法去掉的窗子，因為他們首先的問題就是怎樣解決窗戶漏音問題。

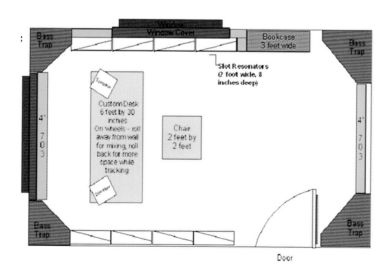

如上圖：錄音室的平面規劃圖

準備在天花板上造一個空間，裏面放置許多大型吸音板。這整個天花板計畫可以有效吸收從低頻到高頻的全頻帶聲音。

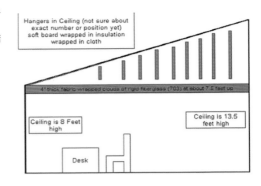

▼ 下面開始從天花板往下吊大型吸音板（棉）

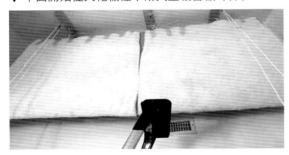

▼ 全部吊好後

▼ 在這之下，用 10 釐米厚的硬質玻璃纖維棉板，把整個空間給封起來，形成一個大空腔。

▼ 這是封好之後的

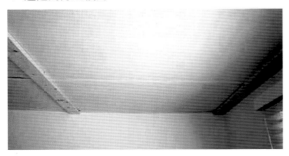

▼ 安裝上吊燈

▼ 這是準備用來封堵窗子用的，木板+玻璃纖維棉

▼ 把窗戶堵上了

這是自己製作的移動式機架箱：

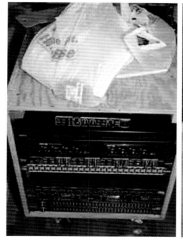

　　哇，原來是放電腦的呀！搞得這麼隆重，自然是為了消除電腦的噪音了。地上的白板是用來堵住電腦的小門，右圖是封上門之後的。

▲ 如上圖　這個箱子壁藏了一個小風扇用來給電腦通風。

　　大功告成！電腦主機在左下方的櫃裏，注意兩邊的木板裏面是有空間的，可不是緊貼牆壁的喲！千萬別學走樣了。

11-6 Joe White 的簡易鼓房（美國）

最簡易的隔音、吸音裝置。Jone White 是一個鼓手，在家裏練習，他必須解決擾鄰問題。最終他就做了這樣一個很小的鼓房。用三片木板搭建的。

裏面用了一種特殊的環保型纖維棉(也可以換用棉絮，最好要兩層)。這就是所有的隔音和吸音裝置。雖然很簡陋，也不能完全隔音，但至少鄰居不會找你的麻煩了。

11-7 "手工業者" 樂團排練室

房屋的主人是一位吉他手，兩房一廳一廚衛，排練室就是其中一間臥室。樓下是一間辦公室，沒裝修之前，經常被鄰居檢舉噪音騷擾。做了簡易的吸音隔音處理後，效果有顯著的提升，裏面怎麼吵，外邊聽到的聲音比打麻將的聲音還小。現在看來還可以再加幾個音箱。天花板：兩層毛氈打底，架龍骨托起一層海綿，龍骨下又釘一層毛氈外頭釘面料包好。牆的順序：兩層毛氈＋龍骨架＋一層海綿＋面料，這面料就是彈簧床的那種，內表面還有一層薄海綿，地板是：兩層毛氈＋龍骨架＋木板＋地毯，沒什麼錢，而且請不起工人，托熟人借來了氣泵噴槍，業餘時間他們自己做，做了近四周才全部完工。

11-8　TORUS 錄音室的設計裝修過程（歐洲· 馬其頓王國）

　　一個很小的錄音室，老闆是 Alexandar Mitavski 這個地方位於歐洲的馬其頓王國。錄音室是在一個空地上憑空建造的（在我們這裡可真不敢想像），面積比較小。5×3.3 米。控制室與錄音室之間沒有門直接相連。這是最初的計畫，後來有所改動，主要是把一些牆面做成斜面，以減少反射，並通過空間增加對低頻的吸收。先建造牆體。這是正面的牆兩扇門分別是控制室和錄音室的門。

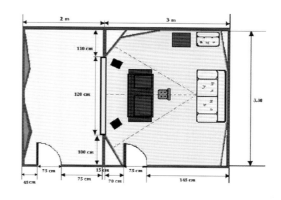

▼ 複合木板、石膏板

1.

2.

▼ 外牆做好以後

3.

▼ 中間用岩棉填充，兩側用水泥。完成之後

4.

5.

6.

然後在室內，還要進行隔音和吸音處理，先打上龍骨，注意有很多地方不是緊貼牆壁的，因為有的內牆面是要做成斜面的。

　　然後在龍骨上填充玻璃纖維棉，在上面覆蓋一層粗布，也就是說室內的最內側就是一層布。以上是牆壁和隔音部份，接下來才是吸音處理。在一些地方用斜度不同的木條做出漫反射裝置。另一些地方和天花板貼上吸音海綿。門是雙層的，在後牆壁（沒有拍出來）有厚布簾用來吸音。

▲ 通過控制室可以看到錄音室

◀ 錄音室也是雙層門，有木條狀的漫反射裝置，和吸音海綿

◀ 木製地板，上面蓋了一層地毯。窗子被做成斜面，以防止駐波，一個小架子用來放耳機放大器和耳機

11-9 FMRJE Factory Studio 簡易個人音樂工作室的隔音裝修過程（美國）

　　這是一個簡易隔音裝修的例子，花錢很少，沒有使用橡膠皮，主要是用岩棉。工作室位地下室，是此人家裡的地下室，他是一位某知名樂團的鼓手兼樂團團長，修建隔音的音樂工作室的目的是為了不吵到家人。該地點周圍很寬廣，屬於私人領地，沒有鄰居，因此工作室的隔音做得比較簡陋，成本很低，但也非常有效。

▼ 裝修前的基本情況

▼ 在牆上和天花板上修建一些木質隔板，大約十幾釐米高，準備用來放置岩棉

▼ 在天花板的隔板之間放上岩棉

▼ 然後用複合板蓋上

▼ 然後用複合板蓋上

▼ 用粘膠把縫隙完全密封起來,並且貼上一些小正方形的減震墊片

▼ 再來處理牆壁。在木隔板之間鋪上岩棉,然後橫著釘上減震彈性鐵片條

▼ 像天花板一樣,蓋上複合板,並且用粘膠把所有縫隙都密封起來,貼上一些小方形的減震板

▼ 蓋上石膏灰泥板，並且用粘膠把它們完全密封

▼ 用石灰把天花板和牆壁的所有縫隙再密封一遍

▼ 粉刷

▼ 由於房子本來就是地下室，所以不需要處理地板，如果住樓房，那就還要對地板進行隔音處理。
鋪上地毯，注意那根柱子也是包了地毯的，這樣撞上去後不會疼

11-10 憲樂錄音室（台灣 高雄）

▼ 先砌格出控制室和錄音室

▼ 牆壁完全不打釘子

▼ 鉛箔棉隔音

▼ 地板處理過程以及線槽

▼ 地板處理過程以及線槽

▼ 控制室玻璃（四層）

▼ 單一牆壁厚度

▼ 通風管道和消音箱

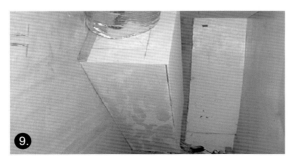

▼ 錄音室地板彈簧（避震）

11-11 Blue Bear Sound 錄音室的設計建造裝修（美國）

又一個有多個房間的大錄音室。一間控制室，兩個錄音室，分別是漫反射多，殘響偏低頻的悶暗錄音室，和漫反射少，殘響偏高頻的"明亮"錄音室。還有一個人聲錄音室。圖紙（長度單位為英尺）：

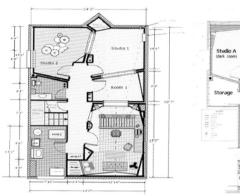

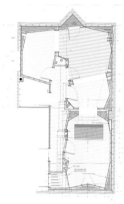

▼ 原本這是一個大的平房，並沒有分隔出各個房間。首先把整個外牆做隔音裝置，岩棉層厚達三四十釐米，隔音效果可想而知

▼ 用木制龍骨分隔出各個房間和走廊。　　　　▼ 然後鋪上雙層石膏板

▼ 然後填充岩棉，進行隔音處理

控制室的天花板做成左右對稱的拱形，填充岩棉如（圖1），然後鋪上石膏板如（圖2），錄音室的牆最後鋪上木板條如（圖3），製作門和窗如（圖5）（圖6）。

▼ 控制室已經基本完成，牆上的兩個洞是用來
　放監聽喇叭的；設備安裝好之後的控制室。　　　▼ 錄音室也完工了。

Studio Two 與控制間之間隔著一個小房間（語音室）
，是強吸音的錄音室，一般用來錄製不能在殘響的語音專
案。下圖是從錄音間 2 望向控制室的情景。

Studio One-Dark Room

Studio Two-Bright Room

11-12 Carriage House 錄音室（美國）

現在我們來看一個完全憑空建錄音室的例子。他們將在這片荒地上建一個錄音室，照片由
johnlsayers 提供。

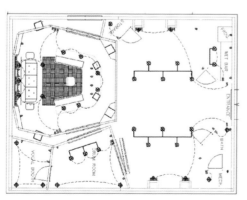

▲ 錄音室的規劃圖。一個控制室，一個大型錄音室
，一個鼓房，一個人聲錄音室，另外還有休息用
的房間

▲ 開始！

▼ 放置線槽（用來放置各個房間之間的音頻連接線） ▼ 繼續………

1.

2.

▼ 準備建牆了

3.

▼ 蓋屋頂

4.

▼ 室內要分割出多個房間來

5.

▼ 這個房間是廚房

6.

▼ 初具規模了

7.

8.

9.

10.

錄音室的設計與裝修

11-13 在大樓內的房子改建的錄音室範例

　　這是一個在大樓內的房子改建的錄音室，在這裡我們介紹的只是一種隔音的方法，希望給大家一些參考。您也可以根據自己和當地的實際情況做適當的改變。10 坪客廳，長 7.62 米，寬 4 米，高 2.6米。

1. 活水泥：水泥和黃沙是按照 5：1 配置的。

2. 瓦工開始在客廳的中間砌一堵牆，控制室和錄音室之間的那堵隔音牆。

3. 把隔音窗的空間留出來，上面要做一個結實的木製橫梁。

4. 隔音窗的旁邊室一個門。

5. 用水泥漿填充細縫。

6. 中間隔牆上要事先留一個孔，以便穿過各種影音線材。

7. 中間隔牆上要事先留一個孔，以便穿過各種影音線材。

8. 開始裝隔音觀察窗的木框，窗中間的兩根木條是用來固定的，以後是要裁掉的。

9. 中間隔音牆的兩面都要釘上 0.5cm 厚的隔音橡膠皮。

10. 隔音觀察窗和牆之間要用發泡膠填充。

11. 橡膠皮外面在鋪上一層石膏板。

12. 然後在牆上釘木質龍骨。

13. 開始填充吸音棉，用兩種棉，一種是孔棉（工業化學纖維），另一種是九孔棉，以吸收不同頻率的聲波。

14. 從錄音室看情況。

15. 從控制室看情況。

16. 外面再蓋上一層石膏板。

17. 牆面與牆面避免直角，盡量防止駐波的產生。

18. 錄音間頂面也是這樣處理。

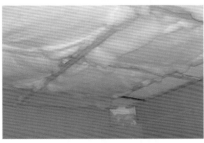

19. 在石膏板的基礎上貼上一層礦棉板。

20. 釘上礦棉板後，在外面再裝上穿孔吸音板。

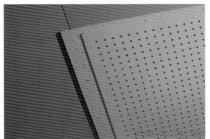

21. 預先埋下的影音線材。

22. 隔音門彩用的是一層是防盜的鐵門，裡面
    的門是木製的門。

23. 開始做錄音間的地板，先上層橡膠皮
    0.5cm 厚。

24. 上完後釘上木條

25. 然後塞上吸音棉。

26. 接著上木地板。

　　到這裡錄音室的主體就基本上完成了，剩
下的就是表面裝潢了。你可以在地板上鋪上地
毯，在牆面的穿孔吸音板上噴上彩色塗料等。

（全文完）

錄音室的
設計&裝修
Studio Design Guide

編　　著 / 劉　連

封面設計 / 陳姿穎

美術編輯 / 陳姿穎

文字校對 / 潘尚文、吳怡慧、康智富

出　　版 / 麥書國際文化事業有限公司

發　　行 / 麥書國際文化事業有限公司

發 行 所 / 106 台北市辛亥路一段 40 號 4 樓

電　　話 / 02-23636166

傳　　真 / 02-23627353

郵政劃撥 / 17694713

戶　　名 / 麥書國際文化事業有限公司

網　　址 / www.musicmusic.com.tw

印刷輸出 / 鼎易印刷事業股份有限公司

法律顧問 / 聲威法律事務所

出版日期 / 中華民國九十六年八月

原版授權 / 北京金之杰文化發展有限公司

國家圖書館出版品預行編目資料

錄音室的設計 & 裝修 = Studio design
guide / 劉連編著. -- 臺北市 ： 麥書國
際文化 ,民96.08
面； 公分

ISBN 978-986-6787-08-9（平裝）
1.錄音室 2.視聽器材設備
471.9　　　　　　　　　96015647

　構所有，凡涉及私人運用以外之營利行為，須先取得本公
　司及著作之同意。任何未經同意而翻印、剽竊或盜版之行
　為，必定依法追究。

◎ 本書若有缺頁、破損請寄回更換◎

錄音室機櫃

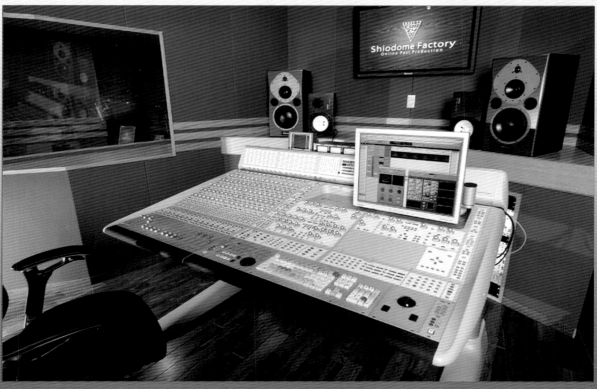

錄音室控制台

世界著名錄音室